영남 남인의 정치 중심 돌밭,
칠곡 귀암 이원정 종가

경북의 종가문화 30

영남 남인의 정치 중심 돌밭,
칠곡 귀암 이원정 종가

기획 | 경상북도 · 경북대학교 영남문화연구원
지은이 | 박인호
펴낸이 | 오정혜
펴낸곳 | 예문서원

편집 | 유미희
디자인 | 김세연
인쇄 및 제본 | 주) 상지사 P&B

초판 1쇄 | 2015년 2월 2일

주소 | 서울시 성북구 안암로 9길 13(안암동 4가) 4층
출판등록 | 1993년 1월 7일(제307-2010-51호)
전화 | 925-5914 / 팩스 | 929-2285
홈페이지 | http://www.yemoon.com
이메일 | yemoonsw@empas.com

ISBN 978-89-7646-328-9 04980
ISBN 978-89-7646-324-1 (전4권)
ⓒ 경상북도 2015 Printed in Seoul, Korea

값 21,000원

경북의 종가문화 30

영남 남인의 정치 중심 돌밭,
칠곡 귀암 이원정 종가

박인호 지음

예문서원

　　이 책은 경북 칠곡의 명문벌족인 광주이씨 귀암 이원정 종가
에 관한 글이다. 칠곡의 광주이씨는 영남지방의 명문세가로 여
러 방면에서 현달한 이가 많았을 뿐만 아니라 특히 4대가 한림을
역임한 문장가의 집안이기도 하다. 필자는 묵헌 이만운에 대한
글을 작성하면서 광주이씨 선대에 대한 기록들을 읽을 기회가 있
었는데 그때 문익공 귀암 이원정을 만나게 되었다. 기회가 되면
귀암 이원정에 대한 글을 쓰고 싶었는데 마침 영남문화연구원에
서 경북의 종가문화 시리즈의 일환으로 광주이씨 귀암종가에 대
한 글을 요청하여 기쁜 마음으로 이 글을 작성하게 되었다.
　　이 책에서는 현종과 숙종 대 정치적 소용돌이 속에서 이원정

이 처했던 정치적 위상을 보여 주려고 하였다. 이원정은 정치적 소용돌이 속에 직접 뛰어들어 정국을 주도하는 과정에서 서인 노론정권에 의해 철저하게 무너져 내렸다. 아드님이었던 정재 이담명과 낙애 이한명도 이러한 소용돌이에서 예외일 수 없었다. 이후 광주이씨는 노론정권에 의해 배척당하면서 정치적으로는 재기하지 못하게 되었다.

이 책에서는 바로 이원정과 이담명을 중심으로 당시 남인 사론의 구심점 역할을 담당하였으나 정치적으로 패배함으로써 상대적으로 부각되지 못하였던 이들의 역할을 조금 더 깊이 보려고 하였다. 이들의 정치적 노선과 사상, 그리고 노론정권과 대비되었던 점이 무엇이었기에 죽음으로 몰리게 되었는지를 살펴보고자 한다.

이를 위해 먼저 숙종 연간 이원정-이담명 부자의 정치적 위상을 재조명하고자 한다. 숙종 초반 영남 남인의 대표자로 성장하였던 이원정은 서인들이 정권을 잡았던 경신환국 때 파직당하고 장살되었다. 부친의 억울함을 지켜보아야 했던 이담명은 아버지의 피 묻은 적삼을 10년간 입고 있으면서 억울함을 호소하여 결국 기사환국 때 이원정이 신원될 수 있게 하였다. 이담명은 경상도관찰사에 부임하였을 때 굶어 죽어가는 백성들을 위해 신역을 감해 주었다가 관직을 박탈당하기도 하였다. 그 뒤 정권이 바뀌어 서인이 집권하면서 귀양살이하다가 부친과 마찬가지로 짧은 생을 마감하였다. 조선 현종~숙종 대 남인의 최고 정치가 두 분이 이렇게 당쟁으로 희생되었다.

　인조 대 이후 영남 남인은 숙종 대에 이르기까지 꾸준히 정치적 진출을 모색하였지만 중앙정계에 남아 있을 수 있는 세력은 그다지 많지 않았다. 그중에서 거의 유일하게 정치적 영향력을 가진 집안이 칠곡 석전(돌밭)에 거점을 둔 광주이씨였다. 한때 이곳은 영남 남인의 정치 중심지였다고 하여도 과언이 아니다. 그러나 숙종 연간의 과격해진 당쟁 속에서 오히려 이 집안의 인물들이 가장 큰 피해를 입게 되었다. 이 글은 영남지방 한 집안의 사례를 통해 영남 남인의 인조 대 이후 중앙정계의 진출과 좌절, 그리고 조선 정치의 무대에서 철저히 배제되어 온 모습을 살펴보려는 데 목적이 있다. 이와 함께 광주이씨 칠곡파가 기반으로 하였던 석전을 중심으로 관련된 환경과 유적을 통해 이들이 결집하게 된 요소들을 보여 주고자 한다.

　조상이 불천위로 모셔지는 집안의 후손들이 가지고 있는 숭조의 마음과 자세를 살펴보는 것도 일정한 의미가 있을 것이다. 광주이씨 칠곡파 귀암종가에서는 문익공 귀암 이원정을 불천위로 모시고 있다. 앞으로 사회적 변화에 따라 불천위 제례가 어떻게 될지는 모르지만 이 책자를 통해서 귀암종가에서 행해지고 있는 불천위 제례의 모습을 남겨 두는 것도 의미가 있을 것으로 생각한다. 그래서 여기서는 제례의 절차뿐만 아니라 가능한 한 행례의 의미도 소개하고자 한다. 이를 통해 일가 자손뿐만 아니라 여러 일반 사람들도 불천위 제례의 중요성을 알 수 있게 되었으면 한다.

그러한 내용의 서술에서 누구든 혹 불편한 마음을 가지게 된다면 이는 필자의 부족한 능력에서 기인한 것이다. 부디 혜량해 주시기 바란다. 그리고 경북대학교 영남문화연구원 연구원들에게 고맙다는 인사를 전하고 싶다. 종손·종부와 면담한 내용을 풀어서 제공해 주었을 뿐만 아니라 많은 관련 사진과 자료를 챙겨 주었다. 감사의 뜻을 전한다.

2014. 6.
박인호

차례

제1장 돌밭 정착과 경관

1. 웃갓에서 돌밭까지

　성현은 『용재총화』에서 "지금 문벌門閥이 번성하기로는 광주이씨廣州李氏가 으뜸이며, 그다음으로는 우리 성씨成氏만한 집안도 없다"라고 적어 광주이씨 문벌의 번성함을 극찬하였다. 조선 전기 광주이씨의 번성함을 엿볼 수 있는 대목이다. 광주이씨는 고려조 광주목의 토성에서 출발하여 조선 초기에는 이족吏族과 사족士族으로 분화하면서 명문거족으로 성장하였다. 본관을 광주로 한 것은 이들의 윗대 조상들의 세거지가 회안淮安이며, 고려 성종成宗 때 회안을 광주廣州로 개칭하였기 때문이다.
　광주이씨 일파가 오늘날 칠곡군 인근에 정착하게 된 것은 이극견李克堅이 조선 연산군 초기 성주목사로 재임하고 있을 때 부친을 따라와 있던 차자 이지李摯가 팔거현八莒縣 상지촌上枝村에서 풍부한 자산을 가지고 있었던 영천최씨 최하崔河의 딸과 결혼하면서부터이다. 이때의 팔거현 상지촌은 성주의 속현이었다. 1640년(인조 18) 관찰사 이명웅이 조정에 요청하여 가산산성을 쌓으면서 성주와 경계를 나누어 도호부를 설치하고 고려 때부터 별호로 사용해 왔던 칠곡을 부의 이름으로 정하였다. 칠곡은 군현이 일곱 봉우리 아래에 있어 명명되었다. 이에 상지촌은 칠곡으로 이속되었는데, 조선 중기까지만 하더라도 이 지역은 성주권으로 인식되었다.

이후 광주이씨 칠곡파는 웃갓에서 출발하여 왜관 인근으로 퍼져 나갔다. 광주이씨 칠곡파가 집성촌을 이룬 곳으로 지천면 신리와 왜관읍의 매원리, 석전리 등을 들 수 있다. 지천면 황학리와 도개리 그리고 왜관읍 봉계리가 접경하고 있는 소학산巢鶴山은 학이 서식한다고 하여 그 이름을 붙일 정도로 풍광이 아름답고 자연조건이 풍요로웠다. 이 소학산의 정상에서 집성촌 마을을 내려다보면 그 지형이 매화나무와 같아 보인다. 석전은 매화나무의 뿌리 부분, 매원은 줄기 부분, 웃갓은 윗가지 부분에 해당한다.(가지의 윗부분을 의미한다면 웃갓이 바른 표기일 것으로 보이나, 현재 웃갓으로 기명하고 있으므로 여기서는 웃갓으로 통일한다.)

마을을 형성하였을 때부터 지천면의 신리는 웃갓이라고 불렸으며, 이를 한자식으로 적어 상지上枝라 하였다. 상지마을은 수

현 석담종택 상지천

석담 이윤우의 구 세거지인 경수당

칠곡 경수당(漆谷 敬守堂)

소재지 : 경상북도 칠곡군 지천면 신리 140

경수당은 조선 중기 유학자 석담 이윤우(1569~1634)가 세거하던 자리에 지어진 주택으로 대한제국 말기에 법무부 형사국장을 지낸 바 있는 김낙헌이 거주하던 집이었다. 이후 낙헌의 친구인 후손 이주후(1873~1957)가 매입하여 지천면 신리 208번지(경수당의 재실인 영모헌이 있면 곳)에서 지금의 자리인 신리 140번지로 이거해 오면서 벽진 이씨 후석파종택으로 삼았다 한다.

칠곡 신리 웃갓마을의 북록 끝편에 아트막한 산을 등지고 자리하였다. 800평 규모의 넓은 대지에 一자형의 대문간채, 사랑채, 안채 그리고 광채가 동향으로 나란하게 별동 배치되어 있고 안종사랑채가 사랑채와 안채사이에 남향으로 직교 배치된 형식이다. 따라서 전체적으로 남북이 터진 튼 ㄷ자형 배치를 이루고 있으나 안마당의 남쪽 끝부분에 방앗간채(정면 3칸, 측면 1칸, 초가)가 배치되어 있었으므로 원래는 튼 ㅁ자형 배치였음을 알 수 있다.

사랑채는 2칸 크기의 사랑방과 1칸 사랑마루로 이루어진 간략한 평면이다. 방과 마루 전면에는 반칸 폭의 툇마루를 꾸몄으며 마루 우측면에도 폭이 좁은 쪽마루를 시설하였다. 사랑방 정면 배칸에는 머름 위에 두짝의 여닫이 띠살창과 고물한 용(用)자살 파임의 미닫이창를 이중으로 설치하였고 마루와의 사이에는 불발기 형식의 4짝 미서기문을 시설하였다.

안채는 2칸 크기의 정지, 안방, 대청과 1칸 크기의 건너방이 순서대로 일렬 배열되었으며 방과 마루 전면으로는 폭이 좁은 쪽마루가 시설된 一자형 평면이다. 정지에는 가마솥이 걸린 부뚜막이 잘 남아있고 그 상부에는 안방에서 사용할 수 있는 다락이 설치되어 있다. 안방과 건너방의 전면 배칸에는 두짝의 아자(亞字) 미서기문이 달려있는 반면 마루 앞 뒤로는 4짝과 두짝으로 된 유리창문이 각 각 설치되어 있다. 마루의 유리창문은 역시 후설된 것이다. 안채 상부가구는 보 위에 제형판대공을 올려 마루도리를 받게 한 간략한 3량가 구조인데 휘어진 대량의 형태에서 자연의 멋스러움이 묻어난다.

경수당은 생활의 편리를 위해 창호교체와 일부 증축된 부분은 있으나 대체로 원형을 잘 간직하고 있는 집으로 간결한 평면구조와 영남내륙지방의 분동형 배치, 그리고 사랑채의 불익공형 초각장식들은 특징적이다. 또한 조선 중기의 유구로 당시의 정치제도나 생활상을 엿볼 수 있는 담양당 등이 남아 있다.

Gyeongsudang House of Chilgok

Location : 140 Sin-ri, Jicheon-myeon,
Chilgok-gun, Gyeongsangbuk-do

Gyeongsudang is the name attached to the house built on the place where Yi Yun-u (pen-name: Seokdam / 1569~1634) used to live, Yi was a Confucian scholar in the mid-Joseon Period, The house was later lived in by the family of Kim Nak-heon, who served as the Director General of the Criminal Affairs Bureau, the Ministry of Justice, during the Great Han Empire Period, The house was sold to Kim's friend Yi Ju-hu (1873~1957) Since then, the house has served as the house of the head family of

정산에서 나와 발암鉢巖 동쪽에서 법곡계와 합쳐지는 상지천이 흘러 생활여건이 좋기 때문에 일찍부터 사람들이 정주하였다. 농사짓는 데 필요한 상지천의 풍부한 수량을 바탕으로 부를 형성하고 있던 최하의 딸과 결혼하면서 웃갓에 정착하였던 이지는 일찍 사망하였으나 자손들이 그대로 웃갓에 살게 되었다. 웃갓은 현재 칠곡군 지천면 신3리와 신4리에 해당한다.

승사랑공承仕郞公 이지의 장자인 진사공 이덕부의 증손曾孫은 공조참의를 지냈던 석담石潭 이윤우李潤雨(1569~1634)이다. 이윤우는 신리에 있는 경수당敬守堂 자리에 세거하고 있었는데, 만년에는 이웃에 있는 매원梅院으로 근거지를 옮겼다.

매원은 그다지 높지 않은 산으로 둘러싸여 있는데, 북쪽으로 용두산이 펼쳐져 있고, 동쪽으로 죽곡산, 서쪽으로 산두산이 있으며, 남쪽을 향해 마을이 조성되어 있다. 풍수지리적으로는 매화낙지형(매화가 떨어진 모양)이었다. 용두산 위에서 보면 마을이 매화꽃을 뿌려 놓은 듯하다고 하여 매원이라는 이름을 가지게 되었다. 마을 앞으로는 소학산에서 나와 봉계를 지나 매원에 이른 매원천梅院川이 지나고 있고, 동북쪽으로는 도락산道樂山에서 시작한 동정천同廷川이 남쪽으로 흘러 매원천으로 이어지니, 풍부한 수량 덕에 마을 앞에는 논밭이 크게 형성되어 있다. 매원은 광주이씨가 입촌하기 전까지만 하더라도 야로송씨와 벽진이씨가 주류를 이루었다가 이윤우가 입촌하면서 광주이씨의 대표적인 집

매원마을 입구

성촌이 되었다.

　석담 이윤우는 당시 광주이씨를 영남의 대표적인 남인 문벌로 만들었다. 조선시대에 안동 하회마을, 경주 양동마을, 칠곡 매원마을을 영남의 3대 반촌이라고 할 정도로 당시 매원은 그 위망을 떨쳤다. 이곳은 이윤우의 후손 가운데 장원 등과 12명, 진사 10명이 배출된 문향이라고 하여 일명 장원방이라고 불렸다.

　매원은 마을 맨 위쪽을 상매라 하고, 중간을 중매, 아래를 서매라 불렀다. 아래 지역을 하매라 하지 않은 것은 박곡 이원록의 후손이 주로 상매와 중매에 거주하면서 삼촌뻘인 감호당鑑湖堂 이도장李道章이 사는 곳을 하매로 낮추어 부를 수 없었기 때문이다.

매원에는 광주이씨와 관련된 유적으로 감호정사, 박곡사당, 용산재, 해은고택(경상북도 문화재자료 제275호) 등이 남아 있다. 1950년 이전까지만 해도 300여 채의 기와집과 200여 채의 초가집이 마을을 이루고 있었으나, 한국전쟁 때의 폭격과 전투로 옛 건물이 거의 소실되고 몇몇 고택과 사당, 재실만이 남게 되었다. 현재 마을은 전통가옥을 세워 옛 모습을 복원하고자 노력하고 있다.

서매의 감호정사鑑湖精舍는 석담 이윤우가 1616년(광해군 8) 웃갓으로 낙향한 후 1623년(광해군 15)에 지어 감호당鑑湖堂이라 이름하고서 후학들에게 강학하였던 곳이다. 후일 석담의 3자인 이도장李道章이 이어 받아 후진을 양성하였으며, 감호당 당호를 자신의 호로 정하였다. 감호鑑湖란 매호梅湖의 지당池塘을 한결같이 생각하며 잘못을 깨닫고 뉘우친다는 뜻으로, 제액題額은 미수眉叟 허목許穆이 전서체로 썼다. 감호당에는 이윤우가 초야에 사는 즐거움을 적은 자작시가 있다.

옛날을 생각하면서 좋은 술에 취하여 비단자리에 누우니,
따르는 이들은 나를 옥당인이라고 부르네.
강호에 한번 누우니 나를 아는 이는 없지만,
기쁘게 촌부를 만나고 초야의 백성과 같이하네.
憶昔芳樽醉錦茵　　任從呼我玉堂人

喜見村夫與聖民

水月軒

晋瀜省

감호정사

박곡사당

滄江一臥無知己　喜見村夫與野民

「감호당에서 봄을 노래함」(鑑湖堂春詠)

중매에 있는 박곡종택은 원래 안채 12칸, 사랑채 8칸, 광채 3칸, 대문채 5칸, 중문채와 사당으로 이루어진 큰 집이었으나 사당을 제외하고는 전부 소실되었으며, 현재 안채 앞쪽에 주춧돌만 남아서 옛 종택의 크기를 보여 주고 있다. 한국전쟁 때 남침하였던 북한군이 종택에 3개 사단의 전투지휘본부를 설치하자 연합군이 이곳에 대대적인 폭격을 가하면서 종택은 화염 속에 사라졌다. 그러나 그 와중에도 종택 뒤에 있던 박곡朴谷 이원록李元祿의 불천위를 모신 사당만은 온전히 남았다. 사당은 토담 안에 정면 3칸, 측면 1칸, 전면 툇간退間을 둔 3칸 규모의 이익공二翼工 맞배집이다. 현 박곡종택은 1988년에 재건하였다.

상매에 있는 해은고택海隱古宅은 참봉댁 담을 지나 깊숙이 들어가 있다. 해은고택의 안채는 1788년(정조 12)에 이동유李東裕 (1768~1836)가 건립하였으며, 사랑채는 1816년(순조 16)에 건립되었다. 이동유의 손자인 이이현李以鉉의 호를 따라 해은고택이라 한다. 3칸 규모의 평대문이 있고, 안으로 들어가면 고택은 사랑채, 곳간채, 안채가 ㄷ자형을 이루고 있다. 안채의 우측에는 사당이 있다. 참봉댁에서 해은고택에 이르는 담장은 전통적인 흙담의 원형을 잘 보여 주고 있다.

해은고택

    이 외에도 현재 매원에는 관수헌觀水軒 이원호李元祜의 재실
인 관수재觀水齋, 이동형李東炯의 재실인 귀후재歸厚齋, 아산雅山 이
상철李相喆을 추모하는 아산재雅山齋, 덕여德汝 이동유李東裕의 재
실인 용산재龍山齋, 그리고 박곡 이원록 관련 유적인 사송헌四松軒
이 있다. 사송헌은 원래 박곡 이원록이 경신환국으로 안동 박곡
에 있을 때 건립한 것으로, 1915년 매원 용두산 아래로 이건하였
다. 한국전쟁 때 소실되어 후손들이 1988년에 다시 중매에 재건
하였다. 사송헌이라는 이름을 가지게 된 것은 문 앞에 한 그루의
소나무가 있었는데 그 줄기가 넷이나 되었기 때문이었다. 복원
된 사송헌 앞에는 박곡 이원록을 추모하는 신도비가 있다. 신도

사송헌 전경

박곡 이원록의 신도비

비는 최근의 것으로 1990년에 이가원李家源이 짓고 후손인 이채
진李埰鎭이 썼다.

　이윤우의 둘째 아들인 낙촌洛村 이도장李道長은 이광복의 큰
아들인 이영우의 양자가 되면서 분파하였다. 분파한 낙촌 이도
장은 원정, 원록, 원례, 원지, 원진 5형제를 두었다. 장자인 원정元
禎은 양주목사 재직 중 돌밭의 귀바위(일명 耳巖)에 새로운 터전을
마련하여 이거하였다. 그리고 매원에는 원록元祿과 감호당鑑湖堂
이도장李道章의 후손이 주로 거주하였다. 원례元禮의 후손들은 경
북 봉화 부근으로, 원지元祉의 후손들은 다시 웃갓으로, 원진元禛
의 후손들은 낙산리 가실佳實로 이거하였다. 인근 금산리錦山里
한실漢實(大谷)에도 정조 때 이도중李圖中, 이서중李書中 형제가 웃
갓에서 옮겨 와 마을을 형성하였다. 이에 따라 지역에서는 석전
에 살았던 광주이씨를 '돌밭이씨'라고 별칭하여 부르기도 한다.

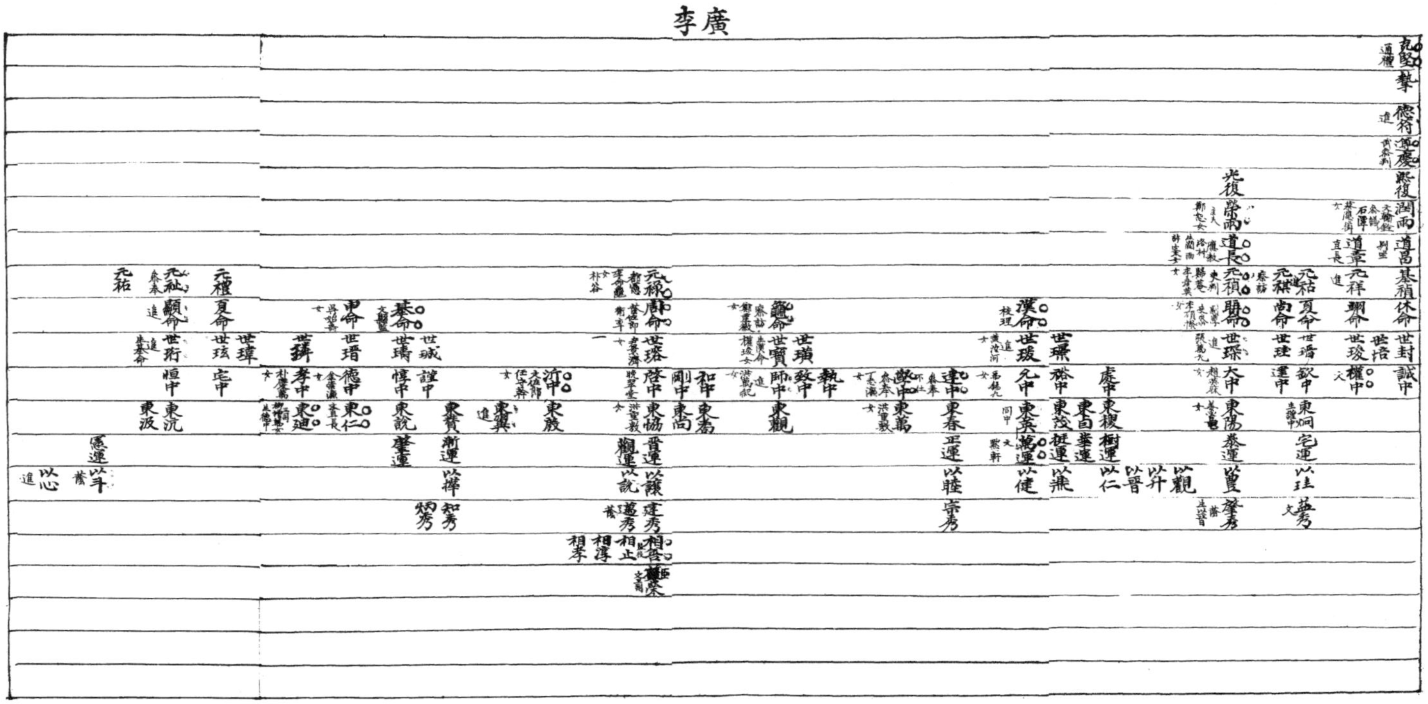

'광주이씨' 『남보』(한국학중앙연구원 소장)

2. 돌밭의 경관

영남지방은 가문마다 특정 지역을 거점으로 종가를 이루고 한 조상의 업적을 받들면서 공고하게 종가를 계승하는 전통이 강한 곳이다. 정약용은 『택리지』의 발문에서 영남지방의 여러 저명한 집안을 거론하면서 석전의 광주이씨를 들고 있다.

우리나라에서 별장이나 농장이 아름답기로는 영남嶺南이 최고이다. 그런데 그곳의 사대부士大夫는 사나운 재앙을 당한 지가 수백 년이 되었으나, 그 귀하고 부유함은 쇠퇴하지 않았다. 그들의 풍속은 각 가문마다 한 조상을 추대하여 한 자리를 점유하고서 일가들이 모여 살며 흩어지지 않았다. 그리하여 조상의 업적을 잘 유지하여 기반이 흔들리지 않게 되었다. 가령 이씨李氏는 퇴계退溪를 추대하여 도산陶山을 점유占有하였고,…… 이씨李氏는 석담을 추대하여 석전石田을 점유하는 등…… 그 수를 헤아릴 수 없다.

『여유당전서』 제1집 시문집, 권14, 발, 「발택리지跋擇里志」

석전은 북쪽에 작오산(鵲鳥山)을 등지고 내려와 마을을 형성하였다. 작오산은 왜관 석전과 아곡, 석적읍 중지리가 접경하고 있는 산으로, 최근에는 남쪽 기슭에 애국동산이 조성되어 있다. 작오산은 작오새가 웅크리고 있다가 날아가는 형상을 하여 이름 붙여졌다. 현재 석전의 많은 부분이 미군 보급기지로 편입되었으며, 주변에는 기지촌이 형성되었다. 또한 왜관에서 다부로 통하는 지방도로가 동·서 방향으로 마을 중앙을 지나게 되어 석전의 원래 모습을 많이 잃어버렸다.

과거 석전마을은 돌이 많아 돌밭이라고 불렸으며, 이를 한자식으로 적어 석전石田이라고 하였다. 조선시대에는 칠곡 파미면巴彌面 지역이었으며, 1914년 행정구역 개편 때부터 관동館洞·상석上石·고제古堤·이동耳洞 등을 합하여 석전동石田洞이라 하였다. 석전마을의 중심인 귀암종택 남쪽에는 귀처럼 생긴 바위인 귀바우(耳岩)가 있으며, 옆에는 큰 바위가 아홉 개나 있다고 하여 구바우(九岩)라고 불리기도 하였다. 이원정은 자신의 고향인 석전

남아 있는 귀바우 모습

흩어진 구바우 모습

의 구바우에서 호를 따서 귀암歸巖이라고 하였다.

석전에는 약 400여 년 전 이광복이 옮겨 와 정착하면서 차츰 광주이씨가 들어오기 시작하였다. 이후 이원정이 1671년(현종 12) 석전 동쪽에 있는 참나무 숲을 정리하고 새로이 터를 잡아 집을 지었다. 석전에 터전이 마련된 이후 그 동편에 자손들이 새로 집을 지어 살게 되면서 새터라는 마을이 생기게 되었다. 이곳에는 광주이씨와 관련된 유적으로 귀암종택 외에 동산재(경상북도 문화재자료 제503호)와 묵헌종택(경상북도 문화재자료 제245호) 등이 있다.

3. 광리 칠곡파 사람들

　　광주이씨 칠곡파 입향조인 이지李摯의 자는 사임士任이며, 품
계는 승사랑에 이르렀다. 30대의 어린 나이로 사망하였다. 장자
는 진사공 이덕부李德符이고, 차자는 현감공 이인부李仁符이다. 이
지의 묘소는 칠곡군 지천면 창평리 주봉산 아래에 있다. 묘제를
받들기 위한 재실로는 첨모재瞻慕齋가 있다. 정면 4칸, 측면 2칸
규모로 원래는 이지의 묘 바로 아래에 있었으나 1905년 창평리
의 현재 위치로 이전하였으며, 여러 차례 개축하였다. 2008년 첨
모재 중건 시에는 묘갈을 개비하고 석등을 설치하였다.

　　이덕부(1491~1538)의 자는 득지得之이고 1522년 진사가 되었
다. 묘는 칠곡 지천면 도당동에 있다. 부인은 풍천임씨로, 훈련원

정 임찬任纘의 딸이었다. 재취부인은 신천강씨로, 사인 강중진康仲珍의 딸이었다. 신천강씨는 선산의 벌족으로, 강중진은 김숙자의 외손이자 김종직의 외종질이며, 또한 문인이었다. 게다가 강중진의 손자 강유선康惟善은 광주이씨 탄수 이연경의 사위이기도 하다. 광주이씨가 칠곡에 자리 잡은 후 곧바로 인접 지역 사족과의 혼인을 통해 세력권을 확대해 나가고 있음을 볼 수 있다.

이인부(1519~?)의 자는 원지元之이다. 이인부의 사위는 '들성 김씨'로 별칭되는 선산 평성坪城의 선산김씨 출신 구암久庵 김취문金就文(1509~1570)이다.

이덕부의 아들 이준경李遵慶(1516~1550)의 자는 사선士善이다. 묘는 칠곡 지천면 사례동에 있다. 부인은 선산김씨로, 진락당眞樂堂 김취성金就成의 딸이다. 김취성(1492~1551)은 1496년 관직을 버리고 선산 생곡에 내려와 강학활동을 하고 있던 송당松堂 박영朴英(1471~1540)으로부터 성리학을 익혀 문명이 높았다. 동생 김취문과 함께 송당 박영의 제자가 되어 영남 도학의 흐름에서 중요한 위치를 차지하였다. 선산김씨와의 거듭된 혼인은 광주이씨의 가학에 영남 사림파의 학통을 계승한 송당학파의 학문이 수렴되는 통로가 되었으며, 광주이씨 가문이 영남의 학맥에서 핵심 가문으로 부상할 수 있는 토대가 되었다. 이준경은 아들로 명복, 희복, 광복을 두었다.

이희복李熙復(1538~1600)의 자는 중초仲初, 호는 국헌菊軒이다.

아들 이윤우의 원종훈으로 인해 좌승지에 추증되었다. 묘는 칠곡군 지천면 소도당동에 있다. 부인은 청도김씨로, 별제 김숭조金崇祖의 딸이다.

이광복李光復(1542~1594)의 자는 응초應初이다. 임진왜란 때 의병을 일으킨 공으로 선무원종공신 3등에 녹훈되었으며 벼슬은 훈련원첨정訓練院僉正에 이르렀다. 1632년 선무원종공신의 사유로 국왕의 전지에 의해 통정대부 호조참의에 추증되었다. 뒤에 증손자인 이원정이 판서에 오르면서 다시 병조참판 겸 동지의금부사에 가증되었다. 상지에서 살았으며 묘는 칠곡 지천면 금호동에 있다. 부인은 안동권씨로, 감찰 권응길權應吉의 딸이다.

이희복의 아들 이윤우의 자는 무백茂伯, 호는 석담石潭이다. 1591년(선조 24) 진사가 되었으며, 1606년(선조 39) 식년 문과에 병과로 급제하였다. 성균관전적을 비롯하여 여러 관직을 역임하였으며, 1616년 경성판관鏡城判官의 임기를 마치고 고향으로 돌아온 이후에는 관직에 나가지 않았다. 1623년 인조반정 후 예조정랑, 사간원사간, 홍문관교리, 시강원보덕 등 중앙 관직을 역임하였다. 1624년 이괄李适이 난을 일으켰을 때는 초유어사招諭御史로 난을 다스렸다. 1628년 지방관으로 담양부사에 임명되었으며, 1630년 성균관사성을 거쳐 1631년 공조참의에 이르렀다. 1632년 중풍의 재발로 벼슬을 그만두고 고향에 내려와 집안 문헌을 정리하는 데에 노력하다가 1634년 사망하였다. 1646년(인조 24) 정사

석담사당

원종훈으로 인해 이조참판에 추증되었다. 1664년에는 칠곡의 사양서원泗陽書院에, 1677년에는 성주의 회연서원檜淵書院에 제향되었다. 그리고 회령 오산서원鰲山書院에도 배향되었다. 묘의 비갈은 허목이, 묘지는 김세렴이 지었다. 유림에 의해 불천위가 되면서 웃갓의 석담종택 내의 사당에 위패가 봉안되어 있다. 1994년에는 후손들이 지천면 도당동 묘소 아래에 김세렴의 묘지명을 바탕으로 신도비를 건립하였다.

부인은 인천채씨仁川蔡氏로, 생원 채응린蔡應麟의 딸이다. 채응린(1529~1584)의 자는 군서君瑞, 호는 송담松潭·탄은灘隱이다. 두문동杜門洞 72현의 한 분인 다의당多義堂 채귀하蔡貴河의 후손이며,

참봉 채홍蔡泓과 영천이씨 사이에서 3자로 태어났다. 대구 후동後洞(현 경상감영공원 북서쪽 일대)에서 태어나 중년에는 미대동美岱洞에 근거지를 마련하였다. 퇴계학을 숭상하였고, 계동溪東 전경창全慶昌(1532~1585)에게 집지執摯하였으며, 한강 정구와 사우師友관계를 맺었다. 1561년 무렵에는 금호강변琴湖江邊의 왕옥산王屋山 기슭에 압노정狎鷺亭과 소유정小有亭을 건립하여 강학에 힘썼다. 제자로는 낙재樂齋 서사원徐思遠, 달서재達西齋 채선수蔡先修, 달천達川 배경가裵褧可 등이 있다. 1784년 곽재겸郭再謙과 함께 도동의 유호서원柳湖書院에 배향되었다가 1824년 서산서원西山書院이 건립되면서 이배되었다. 채응린은 계동 전경창, 임하林下 정사철鄭師哲(1530~1593)과 함께 대구에서 성리학을 열었던 인물이다. 그의 학문은 낙재 서사원을 통해 대구지역 유학의 토대가 되었을 뿐만 아니라 사위인 석담 이윤우를 통해 광주이씨 집안으로 합류되어 들어갔다. 두 정자와 관련하여 사위 이윤우가 쓴 소유정 차운시와 「소유정중수게송담채공시서小有亭重修揭松潭蔡公詩序」가 있으며, 외증손外曾孫인 이원정李元禎이 1657년 압노정 중건 때 쓴 「압노정기」가 남아 있다.

이윤우는 아들로 도창道昌, 도장道長, 도장道章, 도방道方을 두었으며, 사위는 박민수朴敏修, 김렴金礦, 김시소金是熽이다. 2자인 도장道長은 이영우가 무후하여 출계하였다.

이영우李榮雨(1569~1610)의 자는 화숙華叔이며, 군자감주부를 지냈다. 이광복의 아들이다. 손자인 이원정으로 인해 『경국대전』의 규정에 따라 이조판서에 추증되었다. 묘는 지천면 창평동에 있다. 비갈은 7대손 이만운이 찬하였다. 부인은 동래정씨로, 정서鄭恕의 딸이다.

이도창李道昌(1595~1659)의 자는 태유泰有, 호는 한죽정寒竹亭이다. 이윤우의 장자이다. 1595년(선조 28) 한강 정구에게 나아가 스승으로 섬기었으며, 여헌 장현광에게도 학문을 배웠다. 1622년(광해군 14) 천거로 금오랑金吾郞에 임명되었다. 병자호란 때는 의병을 일으켜 조령을 지킨 공으로 태릉참봉에 임명되었으나 나아가지 않았다. 이도창은 낙동강가의 한강 정구가 대나무를 심은 곳에 정자를 지어 그곳을 한죽정이라 하고 이곳에서 만년을 보냈는데, 이에 한죽당을 자호하였다. 문집으로는 『한죽정집』이 있다. 부인은 전주이씨로, 예빈시정 이수형李隨亨의 딸이다.

이도장李道章(1607~1677)의 자는 태관泰觀, 호는 감호당鑑湖堂이다. 이윤우의 3자이다. 학문에 힘써 문장이 뛰어났으며, 정구와 장현광의 문하에서 수학하였다. 1649년(인조 27) 추천으로 성현찰방省峴察訪이 되어 선정을 베풀었으며 청덕비가 남아 있다. 1652년(효종 3) 선공감직장에 임명되었으나 나아가지 않았다. 1660년(현종 1) 연원찰방連原察訪을 지냈다. 1651년(효종 2)에 정구의 학문과 덕행을 추모하는 사양서원泗陽書院의 건립을 주도하였으며, 1664년(현종 5)에는 서원에 석담 이윤우를 추가 배향하는 데 큰 역할을 하였다. 사후에는 통정대부 이조참의로 추증되었으며, 묘의 비갈은 후손인 지평 이만운이 지었다. 문집으로는 『감호당집』이 있다. 부인은 양천허씨로, 홍문관박사 허재許宰의 딸이며, 하곡荷谷 허봉許篈의 손녀이다. 아들로 원상元祥, 원기元祺, 원조元祚, 원호元祜, 원유元裕, 원연元禩이 있으며, 사위는 이문진李文鎭, 이주李儔, 이사증李師曾, 이덕주李德柱, 김세중金世重이다. 이원호의 사위 정중리鄭重履는 동계 정온의 증손이다.

漆谷 廣州李氏 世系圖

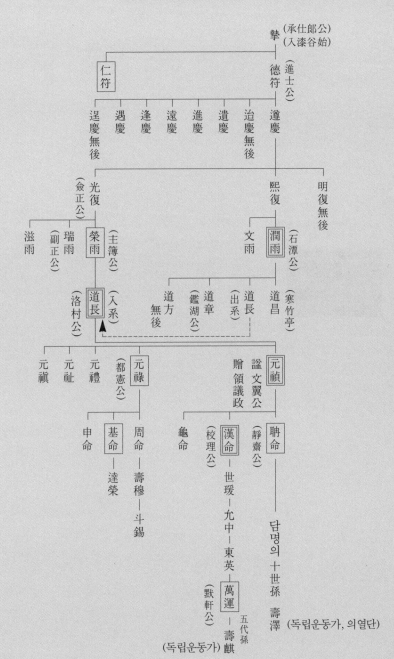

제2장 귀암종가의 사람들

教旨
李元禎爲資政大夫
行吏曺判書兼列義
禁府事知經筵事同
知春秋館成均舘事
弘文舘提學者
康熙十九年三月初三日

1. 귀암종가의 인적·학적 연계망

1) 혼인을 통한 연계망

웃갓에 정착한 광주이씨는 부근의 유력 가문과 혼인을 맺었다. 귀암종가의 선대를 보면 입향 초기에는 주로 선산지방의 신천강씨, 선산김씨 등과 혼인을 통해 세력을 확장시킨 후 대구의 인천채씨, 성주의 벽진이씨 등과 혼인관계를 맺으면서 유력 사족으로 성장해 나갔다. 거주 지역도 매원梅院에서 석전石田 등지로 확대해 나가면서 재지 기반을 마련하였다.

귀암 이원정의 부친은 이도장李道長(1603~1644)이다. 이도장의 자는 태시泰始, 호는 낙촌洛村이다. 이윤우의 차자이나, 이광복의 아들 영우榮雨에게 입양되었다. 1630년(인조 8) 식년 문과에 병과로 급제하였으며, 승문원권지에 임명되었다. 1633년(인조 11) 승문원부정자를 거쳐 1633년(인조 11) 6월 사근도찰방沙斤道察訪으로 근무하였다. 그해 7월에는 승문원정자, 8월 승문원저작으로 승진하였다. 그해 12월 주서로 임명되었으나 이듬해 생부 이윤우의 상을 당하자 사임하였다. 1636년(인조 14) 주서로 복직하였다가 12월 병자호란이 일어나자 사관으로서 어가를 따라 남한산성에 들어갔다. 이후 이도장은 승문원, 예문관, 성균관, 사헌부, 홍문관, 사간원 등 부서에서 근무하면서 인조를 옆에서 시종하는 여러 직책을 맡았다. 지방관으로는 1639년(인조 17) 합천현감을 역임하였다. 1639년 병을 얻어 고향으로 돌아왔으며, 이후에는 홍문관교리, 사간원헌납, 홍문관부응교, 사간원사간 등 관직이 제수되었으나 계속 사직 상소를 올렸다. 1644년(인조 22) 매원에서 사망하였다. 아들인 이원정의 관직이 높아지면서 1664년 가선대부 이조참판, 1677년 자헌대부 이조판서, 그리고 의정부좌찬성양관대제학에 차례로 추증되었다. 미수 허목이 비갈을 지었다. 문집으로는 『낙촌집』이 있다.

이도장의 부인은 안동김씨로, 김시양의 딸이었다. 김시양金時讓(1581~1643)의 자는 자중子中, 호는 하담荷潭이다. 비안현감 김인갑金仁甲의 아들이며, 경주이씨 이대수李大遂의 사위로 혼인 후 제천으로 이거하여 젊은 시절을 보냈다. 1605년(선조 38) 문과에 급제하여 홍문관에 들어갔으며, 1610년 동지사의 서장관書狀官으로 명나라에 다녀왔다. 1612년 전라도도사全羅道都事가 되었다가 향시에 출제하였던 "신하가 임금 보기를 원수처럼 한다"(臣視君如仇讐)라는 시제가 문제되어 대북세력으로부터 공격을 받았다. 당시 이항복李恒福의 구원으로 종성에 유배되었으며, 1618년 영해寧海로 이배되었다. 1623년 인조반정 이후에는 추천을 받아 다시 벼슬길에 올라 1626년(인조 4) 경상도관찰사, 1631년 병조판서 등을 역임하였다. 말년에는 향리인 충주 가금면으로 내려갔다. 김시양이 광주이씨와 연결된 것은 김시양이 1612년부터 종성에 유배가 있을 때 당시 석담 이윤우도 수성과 경성에서 관직생활을 할 때여서 이 인연으로 친밀하게 지내다가 후일 사돈이 되었다. 김시양은 이원익, 심희수 등과 함께 인조반정의 공신이었던 순천김씨 김류의 후원을 받았다. 김류는 선산의 벌족인 신천강씨와 혼맥으로 연결된다. 김류의 외할머니는 부사 강의康顗의 딸이자 강중진의 손녀이다. 강중진의 사위가 광주이씨 이덕부이다. 다만 김시양은 남인에 속하였지만 인조반정 후 서인 집권세력에 협력하였고 경상관찰사 근무 시 과도한 통제로 영남지역에서는 그다지 환영받지 못하였다. 그러나 적어도 사위인 이도장과 외손자인 이원정이 정치적으로 성장하는 데 크게 도움이 된 것은 사실이다. 이도장은 아들로 원정元禎, 원록元祿, 원례元禮, 원지元祉, 원진元禛을 두었으며, 사위는 장영張鍈, 권두망權斗望, 곽전郭鐫, 박명징朴明徵이다.

　　이도장의 아들 이원정李元禎(1622~1680)의 자는 사정士徵, 호는 귀암歸巖이다. 1648년(인조 26) 생원시에 입격하고, 1652년(효종 3) 증광문과에 급제하였다. 검열과 교리를 거쳐 1661년(현종 2) 동래부사가 되었다. 1673년 도승지, 1677년 대사간, 형조판서를 지냈다. 1680년 이조판서로 있을 때 경신환국으로 인해 장살되었다. 1689년 기사환국 때 특명으로 신원되고, 영의정에 추증되었다. 그 뒤로도 추탈과 복관이 이어졌으며, 1871년 문익공의 시호가 내려졌다. 유문을 모은 것으로 『귀암집』이 있으며, 편저한 책으로 1677년(숙종 3)에 편찬한 성주星州읍지인 『경산지京山誌』가 남아있다.

　　부인은 벽진이씨로, 승지 이언영李彦英의 딸이다. 이언영(1568~1639)의 자는 군현君顯, 호는 완석정浣石亭이다. 이언영은 벽진이씨가 집성하고 있었던 석전마을에서 공조좌랑 이등림李鄧林과 월성최씨 사이에서 장자로 태어났다. 젊어서는 한강과 여헌에게서 공부하였다. 이언영은 광해군 때 삭탈관직되면서 석전으로 내려와 있었다. 1633년에는 선산도호부사로 내려왔다. 이러한 관계가 이원정과의 혼인으로 이어진 것이다. 광주이씨와 벽진이씨 사이의 혼인은 이후에도 이어졌다. 이언영의 또 다른 딸은 숙종 초 남인 정국을 이끌어 나간 허적許積의 조카 양천허씨 허해許垓와 혼인하였으므로, 이원정과 허해는 동서 간이다. 이원정은 아들로 담명聃命, 한명漢命, 구명龜命을 두었으며, 사위는 류명하柳命河, 최항제崔恒齊, 강상주姜相周, 김승국金升國이다.

　이원록李元祿(1629~1688)의 자는 사흥士興, 호는 박곡朴谷이다. 미수眉叟 허목許穆의 문하에서 수학하였다. 1651년 생원시에 장원으로 입격하고, 1663년(현종 4) 식년시에 급제하였다. 관직은 전적, 형조정랑, 병조정랑, 의주부윤 등을 거쳐 호조참의, 병조참의, 승지, 예조참판, 호조참판, 대사간, 대사헌 등을 역임하였다. 1680년(숙종 6) 경신환국 때 탄핵되자 관직에서 물러나 낙동강 상류인 안동 박곡에 작은 집을 지어 거처로 삼았다. 만년에는 매원에 와서 살았다. 이원록의 부인은 광산이씨로, 이명구李命龜의 딸이다. 이명구는 한강 정구의 추숭 작업에 크게 기여하였던 이서(1566~1651)의 아들로, 남인의 영수였던 허적許積의 처남이다. 이원록의 재취부인은 순흥안씨로, 안헌安櫶의 딸이다. 아들로 주명周命, 기명基命, 신명申命이 있으며, 사위는 정석교鄭錫僑, 조상세趙相世, 홍만정洪萬禎이다. 박곡 이원록의 가계에서도 남인과의 연관 관계가 두드러진다. 이원록의 장자인 주명周命(1662~1718)의 자는 신경神卿, 호는 매오梅塢이다. 1679년(숙종 5) 생원시에 입격하였으며, 벼슬은 형조좌랑을 역임하였다. 너무 큰 권력을 가지게 됨을 경계하여 일찍부터 매원으로 내려와 살았다. 사양서원을 상지로 이건하는 데 크게 기여하였다. 부인은 순천박씨로, 정랑 박중휘朴重徽의 딸이다. 이주명의 장자 세용世瑢의 부인은 남원윤씨로,

예송에서 남인의 대표적인 주론가였던 윤휴尹鑴의 손녀이다. 3자인 신명申命의 부인은 남인 명문인 동복오씨로, 오시수吳始壽의 딸이다. 동복오씨는 안동김씨 김시양과도 연결되는데, 김시양의 증손 김봉지金鳳至(1649~1675)는 동복오씨 오정항吳挺恒의 사위이자 오시수吳始壽의 매부이다. 김봉지의 자는 성의聖儀로, 의금부도사 김추만金秋萬(1629~1671)의 아들이다. 1680년 경신환국이 일어나자 연원찰방連源察訪 재임 시절에 조정趙跂과 중 학해學海 등을 처벌한 옥사를 일으켰던 일로 체포되어 처벌받았다. 김봉지의 조부는 김곡金縠(1599~1661)인데, 김곡－김추만－김봉지로 이어지는 가계는 제천 읍내의 남인 계열을 대표하는 집안이었다. 김곡의 자는 돈적敦勣이다. 음관으로 1624년(인조 2) 제천현감을 거쳐 합천군수, 판중추부사 등을 역임하였으며, 청백리로 이름이 높았다. 박곡 이원록의 사위 정석교의 본관은 진주로 우복 정경세의 증손이자 무첨재 정도응의 아들이다.

이원례李元禮(1633~1722)의 자는 사응士膺이다. 부인은 밀양박씨로, 현감 박황朴愰의 딸이다.

이원지李元祉(1639~1680)의 자는 사증士增이며, 사직서참봉을 역임하고 이조참의에 추증되었다. 경신환국 후 유배 도중 사망하였다. 부인은 진주정씨로, 정도응의 딸이다. 정도응鄭道應(1618~1667)의 자는 봉휘鳳輝, 호는 무첨재無忝齋·휴암休庵이다. 정도응의 조부는 정경세鄭經世이며, 부친은 심枕이다. 1648년(인조 26) 천거에 의해 교관에 임명되었으며, 다음 해 대군의 사부가 되었다가 이후 시강원자의와 단성·창녕 현감 등을 역임하였다. 재취 부인은 동래함씨로, 함응구咸應九의 딸이다.

이원진李元禛의 자는 덕언德言이다. 부인은 충주박씨이다.

이도장의 사위 장영張鍈(1622~1705)의 본관은 인동, 자는 명세鳴世, 호는 소매당訴梅堂이다. 여헌 장현광張顯光의 손자이자 청천당 장응일張應一의 첫째 아들이다. 어머니는 야로송씨冶爐宋氏로, 목사 송광정宋光廷의 딸이다. 1662년(현종 3) 생원시에 합격하였으며, 1671년(현종 12)에 전설사별제典設司別提가 되었다. 그 뒤 현종과 숙종 양조에 경안찰방·이인찰방 등의 외직과 군자감판관·공조정랑·광흥창주부 등의 내직을 거쳐 세자익위사위솔世子翊衛司衛率을 역임하였다. 고향에 돌아와서는 청천와聽天窩 앞에 별도로 집을 짓고 매화 세 그루를 심은 뒤 '소매당訴梅堂'이라는 편액을 달고 학문을 익히며 지냈다. 장영의 사위는 안중현安重鉉으로, 안헌安櫶의 아들이다. 안헌은 바로 박곡 이원록의 장인이기도 하다. 장영의 또 다른 사위 홍상문洪相文은 목재 홍여하洪汝河의 장남이다.

이도장의 사위 권두망權斗望(1620~?)의 본관은 안동, 자는 자첨子瞻, 호는 명암明庵이다. 단성에 거주하였던 권극중權克重의 아들이다.

이도장의 사위 곽전郭鑴의 본관은 현풍이다. 부사 곽홍지郭弘

祉(1600~1656)의 아들이다.

이도장의 사위 박명징朴明徵(족보에는 朴憍으로 표기되어 있다)의 본관은 밀양이다. 현감 박빈朴賓의 아들이다.

이원정의 아들 이담명李聃命(1646~1701)의 자는 이로耳老, 호는 정재靜齋이다. 1666년(현종 7) 생원시에 입격하고, 1670년 별시문과에 급제하여, 성균관학유와 여러 관직을 거쳐 홍주목사가 되었다. 경신환국으로 파직되자 아버지의 유배지 이산理山에 따라갔다. 1683년(숙종 9) 복관되어 전라도관찰사와 경상도관찰사, 이조참판 등을 역임하였다. 유문으로 문집인 『정재집』이 있으며, 그 외 일록류로 『정재일기』와 『승정원사초』 등이 있다. 이담명의 부인은 전주이씨로, 호조좌랑 이석규李碩揆의 딸이다. 이석규는 문간공文簡公 지봉芝峯 이수광李睟光의 손자이자, 인조 대 영의정을 역임한 분사分沙 이성구李聖九(1584~1644)의 아들이다. 이성구는 인조반정 후 남인 가운데 발탁되어 삼공이 된 사람으로, 김시양과도 절친한 친우 관계를 유지하였다. 전주이씨 이석규의 형제들은 숙종 초 남인 집권기에 중추적 역할을 하였으며, 그 아랫대는 이담명과 함께 숙종 후반기에 중추적 역할을 하였다. 정재 이담명은 아들로 세침世琛과 세경世璟을 두었으며, 사위는 강해姜楷와 목성겸睦聖謙이다.

이한명李漢命(1651~1687)의 자는 남기南紀, 호는 낙애洛涯이다. 1666년(현종 7) 생원시에 입격하고, 1675년(숙종 1) 문과에 급제하였다. 한림과 봉교, 그리고 관서암행어사를 역임하였다. 벼슬은 홍문관교리에 이르렀으며 홍문관부응교에 증직되었다. 한원에 있을 때 숙종으로부터 총애를 받았다. 부인은 전주이씨로, 종실 평운군平雲君 이구李俅의 딸이다. 이한명은 아들로 세원世瑗, 세보世寶, 세황世璜을 두었으며, 사위는 심수간沈壽幹이다. 이세원(1667~1741)의 자는 경옥景玉, 호는 율리栗里이다. 1693년(숙종 19) 생원시에 입격하였으며, 후일 이조참의에 증직되었다. 이세원의 부인은 부림홍씨로, 숙종 연간 남인의 대표적인 주론자였던 홍여하洪汝河의 딸이다.

이준명李俊命은 어릴 때 사망하였다.

이구명李龜命(1660~1700)의 자는 우서禹瑞이다. 1675년(숙종 1) 진사시에 입격하였으며, 1689년(숙종 15) 성현찰방省峴察訪에 임명되었으나 나아가지 않았다. 기량이 높고 행동이 반듯하였으며 재주와 덕행이 높았다. 돌밭에서 살았다. 부인 해주정씨는 참판 정중휘鄭重徽의 딸이다. 정중휘는 중종반정 공신인 해평부원군 정미수鄭眉壽의 후손이다. 해주정씨는 남인 계열로 저명한 가문이며, 역시 남인 계열인 이원익 가문과 혼맥으로 연결된다. 재취 부인은 풍산김씨로, 김시익金時翼의 딸이다.

이원정의 사위 류명하柳命河의 본관은 풍산豊山으로, 류성룡의 증손자이자, 류진柳袗의 손자이며, 장령 류천지柳千之의 아들이다.

이원정의 사위 최항제崔恒齊(1649~?)의 자는 중진仲鎭, 본관은 전주全州이다. 해평의 유력한 사족인 인재 최현의 후손으로, 현감 최영세崔永世의 아들이다. 문과를 거쳐 헌납을 역임하였다.

이원정의 사위 강상주姜相周(1651~?)의 자는 문보文輔, 본관은 진주晉州이다. 강온姜榲의 아들이다. 문과를 거쳐 정랑을 역임하였다.

이원정의 사위 김승국金升國의 본관은 광산이다. 우헌迂軒 김 총金璁의 아들이다.

이담명의 아들 이세침李世琛(1671~1731)의 자는 미완美完이다. 1693년(숙종 19) 생원시에 입격하였다. 덕행이 독실하였으며, 예학에 조예가 깊어 학문이 높은 경지에 이르렀다. 이세침은 삼취하여 부인으로 인동장씨, 밀양박씨, 풍양조씨가 있다. 인동장씨는 장만원張萬元의 딸이다. 장만원(1645~1689)의 자는 구지久之이다. 여헌 장현광의 증손이며, 청천당聽天堂 장응일張應一의 손자이며, 진주목사 장건張鍵(1626~1666)의 아들이다. 밀양박씨는 박유朴愉의 딸이며, 풍양조씨는 조세원趙世瑗의 딸이다. 이세침은 아들로 대중大中, 유중裕中, 처중處中을 두었다.

이세경李世璟(1683~1704)의 자는 경원景元이다. 뛰어나게 총명하여 어린 나이 때부터 세상에서는 동선생童先生이라고 일컬었으나, 아버지 정재 이담명이 사망한 후 과도하게 몸이 상하게 되어 불행하게도 일찍 세상을 떠나게 되었다. 민창도閔昌道가 비갈을 지으면서 "우리 유학이 궁窮하게 되었다"고 안타까워하였다. 부인은 고령신씨로, 신강제申康濟의 딸이다.

이담명의 사위 강해姜楷(1680~1750)의 본관은 진주晉州, 자는 계범季範, 호는 기헌寄軒이다. 도원수都元帥 강이식姜以式을 시조로 하는 진주강씨의 후손으로, 부사府使 강석로姜碩老의 아들이다. 1705년(숙종 31) 생원시에 입격하여 제릉참봉齊陵參奉에 임명되었으나 나아가지 않았다. 리학에 관심을 가지고 학문에 정진하였다. 돌밭에서 살았다.

이담명의 사위 목성겸睦聖謙의 본관은 사천沙川이다. 직장 목천임睦天任의 아들이다. 목성겸은 숙종 대 남인으로 좌의정을 역임하였던 목내선睦來善의 증손이다. 목내선은 허목의 문인이자 허적의 오른쪽 날개와 같은 존재였다. 목성겸의 조부 목임일睦林一은 숙종 대 남인 정권하에서 대사헌을 역임하였다.

이와 같이 광주이씨는 17~18세기에 남인계의 핵심적인 정치세력을 구성하고 있었던 근기지역의 안동김씨 김시양 가문, 양천허씨 허잠 가문, 남원윤씨 윤휴 가문, 동복오씨 오시수 가문, 전주이씨 이수광 가문, 해주정씨 정중휘 가문, 사천목씨 목내선 가문 등과 혼맥을 맺고 있다. 이러한 혼맥은 영남 남인의 한계를 벗어나 이도장─이원정─이담명이 중앙정계에서 활약하는 데 중요한 기반이 되었다. 한편 광주이씨는 성주, 상주, 선산, 군위, 안동 등 인근 지역에 세력 기반을 두었던 벽진이씨 이언영 가문, 광산이씨 이서 가문, 진주정씨 정경세 가문, 부림홍씨 홍여하 가문, 풍산

류씨 류성룡 가문, 전주최씨 최현 가문, 인동장씨 장현광 가문 등과 혼맥을 맺어 지역에서 명문 사족으로서의 기반을 다졌다.

2) 학적 연계망

광주이씨 집안에서는 4대 동안 연이어 사관史官이 나온 것을 영광으로 말하고 있다. 석담石潭 이윤우李潤雨, 낙촌洛村 이도장李道長, 귀암歸巖 이원정李元禎, 낙애洛涯 이한명李漢命의 4대四代가 한림翰林이었으며, 그 덕분에 국반國班의 반열에 올랐다. 영남 남인 가문 출신이 사관을 4대에 걸쳐 역임한 적이 없었기 때문에 광주이씨 가문은 이 시기 영남 남인에게서 가장 촉망받았을 뿐만 아니라 결과적으로는 정치적으로 영남 남인 가문 가운데 가장 혹독한 시련을 겪어야 하였다.

광주이씨 칠곡파의 선대가 선산지역 가문과 통혼하면서 사회적 기반을 다지고 영남 사림학파로서 학문적 계통을 이었다면 이원정의 조부인 이윤우 대는 광주이씨가 이러한 기반을 바탕으로 영남 도학파 내에서 핵심 가문으로 성장하게 되었다.

이윤우는 남인계에서 특이하게도 처음에는 율곡栗谷 이이李珥에게 수학하였다. 그러나 21세 되던 1589년 한강 정구를 스승으로 모신 이후 1620년 정구가 사망할 때까지 30여 년을 정구 문하에서 수학하였다. 정구는 이윤우의 능력을 크게 인정하여『오선생예설五先生禮說』을 편찬하려고 할 때 당시 경성에 있던 이윤우에게 서간을 보내 의문점을 문답하곤 하였다. 이윤우는 정구의 사망 시 보낸 만사輓詞에서 "의리로는 사생師生으로서의 분수가 정해졌으나 정으로는 부자의 친함과 같다"라고 할 정도로 애틋한 마음을 표현하였다. 이윤우가 정구 생전에 '강문고제岡門高第'로 인식된 결정적 계기는 1617년에 있었던 '봉산욕행蓬山浴行'을 들 수 있다. 봉산욕행은 정구가 1617년(광해군 9) 7월 20일부터 9월 5일까지 성주-현풍-밀양-양산-김해를 거쳐 동래에서 온천욕을 하고 다시 경주-영천-신령-하양-경산-대구를 거쳐 온 여행을 말한다. 이때 이윤우는 스승인 정구를 처음부터 끝까지 모셨는데 이 과정을 통해 이윤우는 정구의 고제高弟로 인정되었다.

1620년 한강 정구가 사망하자 이윤우는 호상護喪으로서 상례를 주관하였다. 이후 한강의 각종 저술의 편찬 및 간행사업, 신도비의 건립, 시호를 청하는 사업, 원우의 건립 사업 등 일련의 추숭사업을 주도적으로 진행하였다. 게다가 사후에는 한강을 주향으로 모신 성주의 사양서원(1664)과 회연서원(1677)에 종향되면서 고제로서의 위상을 더욱 확고히 하였다.

이원정의 부친인 이도장은 한강 정구를 뵙고 스승으로 모셨으며, 이어 여헌 장현광을 사사하였다. 한강과 여헌은 한려寒旅로 병칭되듯이 제자들도 양문에 동시에 출입한 경우가 많았다. 이도장도 양문에 모두 출입하였으며, 인동장씨와는 직접적인 인척 관계로 이어지기도 하였다. 이도장은 강문고제로서 석담의 위상, 한려의 학문적 계승자로서의 위치, 장인인 김시양의 원조 등으로 영남의 학맥에서 일정한 자리를 차지할 수 있었다. 이도장은 1558년(명종 13)에 건립되어 연봉서원延鳳書院이라고 했다가 뒤에 개명하였던 천곡서원川谷書院에 1642년(인조 19) 장현광張顯光을 추향하는 등 스승의 추숭사업에 크게 기여하였다.

이원정은 장현광의 제자인 학가재學稼齋 이주李紬에게 학문을 배웠다. 이주는 장현광의 외종제 이천증李天增의 아들로, 여헌 문하의 뛰어난 제자인 여문십철旅門十哲 가운데 한 사람이었다. 이주는 17세기 초중반 성주지역의 향론을 주도하였다. 한편 이원정은 여헌 장현광의 행장을 찬술하기도 하였다. 이때까지만 하더라도 광주이씨 칠곡파는 당시 성주와 인동지역을 중심으로 최대의 학맥을 구성하고 있었던 한려학파와 학문적 수수 관계를 유지하고 있었으며, 특히 이도장—이원정 부자는 장현광과 이주로 이어지는 여헌학파에 기울어져 있었다. 또한 광주이씨 칠곡파는 인동장씨의 여헌 집안과 연이은 혼인으로 혼맥이 이어져 있었다.

그런데 한려학맥을 이었던 이원정은 오히려 동생 이원록과 아들 이담명으로 하여금 미수 허목에게 사사토록 함으로써 영남 남인의 한계를 벗어나 근기 남인 계통과 연결함으로써 가문의 학문적 외연을 확대시키려고 하였다. 그러나 이담명 이후 가문의 몰락과 함께 광주이씨의 후손들은 주로 퇴계학을 학문적 근간으로 삼았다. 특히 이원정의 5대손으로 광주이씨 집안의 행장과 비문을 집성하여 가학을 정리하였다고 할 수 있는 묵헌 이만운의 경우 한강 학문의 맥을 주자—퇴계—한강으로 정리하면서 집안의 학문도 퇴계—한강의 맥을 잇는 것으로 자정하였다.

이에 따라 광주이씨 귀암종가의 학문적 계통은 한강寒岡 정구鄭逑—석담石潭 이윤우李潤雨—낙촌洛村 이도장李道長—귀암歸巖 이원정李元禎—정재靜齋 이담명李聃命—묵헌默軒 이만운李萬運으로 이어지는 가학의 흐름과 퇴계退溪 이황李滉—학봉鶴峰 김성일金誠 —경당敬堂 장흥효張興孝—갈암葛庵 이현일李玄逸—제산霽山 김성탁金聖鐸—구사당九思堂 김낙행金樂行으로 이어지는 퇴계학을 이었던 것으로 정리되었다. 그 결과 이원정 대의 여헌학파와의 교류나 이담명 대의 근기 남인과의 연계가 잘 보이지 않게 되었다.

한편 『낙촌집』, 『귀암집』, 『정재집』에 수록된 만사를 보면 『낙촌집』은 만사 12편, 제문 7편, 『귀암집』은 사제문 2편, 제문 4편, 만사 107편, 『정재집』은 만사 8편, 제문 21편이 수록되어 있다. 이원정의 경우에는 중앙정계에서 활동하였기 때문에 사망 후 근기지역에서 많은 수의 만사가 도래하였다. 이것은 당시 영남학파의 인물들과 비교하면 현저하게 특이한 사항이며, 이러한 인맥의 다양성은 이원정이 한려학맥의 주계승자이면서도 숙종

대 복잡한 정국 속에서 중앙정계에서 정치적으로 큰 역할을 담당하고 있었음을 보여 준다. 그러나 이담명 사망 후 근기지역에 기반을 둔 인물의 제문과 만사의 수가 현격하게 줄어들어, 광주이씨 집안의 근기 일원에서의 정치적 영향력이 쇠퇴하였다.

2. 광해군 · 인조 대 석담 이윤우와 낙촌 이도장의 활약

1) 광해군 · 인조 초 정국과 석담 이윤우

석담 이윤우(1569~1634)가 중앙정계에 진출하면서 광주이씨 칠곡파는 영남 남인을 대표하는 가문으로 성장하기 시작하였다. 석담 이윤우는 1606년(선조 39)에 문과에 합격한 후 1607년 5월 성균관권지와 학유, 1609년 승정원주서, 1610년 예문관검열 겸 시강원설서를 차례로 역임하면서 순조로운 관직생활을 유지하고 있었다. 그러나 광해군 집권 이후 대북정권이 수립되면서 이윤우의 관직생활은 차츰 어려운 지경에 빠져들었다.

대북정권의 핵심이었던 정인홍은 남명 조식의 수문을 자처

하면서 퇴계학파 혹은 한강학파와의 갈등을 키워 나갔다. 특히 정인홍은 『남명집』의 간행을 독단하면서 한강을 배제함으로써 동문인 정구와도 결별하기에 이르렀다. 한강의 고제였던 석담은 정인홍의 이러한 태도와 정치적 전횡을 비판할 수밖에 없었다. 석담은 1610년(광해군 2) 예문관검열에 재직하면서 정인홍을 비롯한 대북 일파의 비리를 직필하였는데 이것이 빌미가 되어 그해 12월 사헌부에서 "대현을 모욕하는 것으로 출세의 바탕을 삼아왔다"라는 사유로 탄핵을 제기해 파직되기에 이르렀다. 『광해군일기』를 편찬한 사관은 이윤우에 대해 "붓을 잡은 이후 엄하고 분명하게 하여 시기하고 아첨하는 무리의 뜻에 거슬렸다"라고 평가하였다. 사헌부 탄핵의 발론자는 지평 한찬남韓纘男이었으나 배후에는 정인홍, 이이첨과 같은 대북세력이 있었다. 이 사건을 계기로 석담은 남명계와 완전히 결별하기에 이르렀다.

　남인의 신진 기예였던 석담을 완전히 배제할 수 없었던 조정에서는 여러 차례 관직을 내렸으나 그는 이를 사양하고 한동안 관직에서 떠나 있었다. 그러나 1612년 4월 수성찰방과 1613년 경성판관에 임명되었을 때는 관직에 나아갔다. 대북세력은 석담을 먼 변방에 보냄으로써 사지에 몰아넣고 신진세력의 규합을 막으려는 의도가 있었다. 그럼에도 불구하고 임지에서 석담은 정사를 엄격하게 보는 한편 향풍을 진작하는 데 노력하여 임기를 마칠 때에는 그곳 사람들이 쇠를 녹여 비를 만들었다. 석담은 1616

년 회령부사 이종일李宗一을 도와 회령에 오산서원鰲山書院을 건립하고 동강 김우옹의 위패를 봉안하였다. 회령은 김우옹이 1589년 기축옥사 때 유배된 곳이었다. 석담은 봉안 당일 축문을 지어 봉향하였다. 이러한 존현에 대한 노력으로 1642년 석담의 위패도 오산서원에 봉안되었다. 이를 주도한 사람은 동명 김세렴金世濂이었다. 1616년 고향에 돌아온 석담은 스승인 한강을 모시고 강학에 주력하거나 서적 편찬 사업에 참여함으로써 유학자로서의 위상을 높여 나갔다.

광해군 집권 말기에는 정인홍의 미움을 받아 온 집안사람들의 벼슬길이 막혀 버렸는데, 낙촌 이도장이 제천堤川으로 장가를 갔기 때문에 주위에서는 제천에서 산다고 하면서 과거를 볼 것을 권하였다. 석담이 이 이야기를 듣고서는 편지를 보내어 꾸짖으면서 "과거는 세상에 나가는 출발점이다. 네가 성주 사람으로 제천 사람이라고 하면서 과거를 본다면 몸을 그르치고 임금을 속이는 일이 될 것이다. 선비는 마땅히 정도를 지켜야 할 것이니, 종신토록 벼슬길이 막혀도 운명이라 어찌할 수 없다"라고 하였다. 그 후 낙촌이 벼슬을 하게 되었을 때는 "우리 집의 자랑거리는 오직 청렴결백함이니, 네가 네 아비를 봉양하려면 조심하여 불의不義한 물건으로 나를 욕되게 하지 마라"라고 하며 처신에 주의할 것을 거듭 당부하였다.

1623년 인조반정 이후 대북정권을 몰아낸 서인은 인조 초반

이괄의 난, 이인거의 난, 유효립의 역모 등 여러 저항사건이 일어
나자 일부 남인들을 포섭하여 서남 연합정권을 모색하였다. 서
인들은 전주이씨의 이원익으로 대표되는 근기 남인과 진주정씨
의 정경세로 대표되는 영남 남인을 포섭하려고 하였다. 이에 따
라 영남 남인으로는 상주의 서애 · 우복 계열과 안동의 한강 · 여
헌 계열이 인조 초에 적극적으로 정권에 진출하게 되었다. 물론
안동 · 예안권은 서인정권에의 참여에 부정적이었다.

　대북정권에 맞서다 낙향해 있던 석담 이윤우는 반정 직후인
1623년 예조정랑에 임명되어 관직에 나가게 되었다. 일부 남인
을 포섭하려는 서인정권의 입장과 바뀐 정권하에서 새로이 정치
적 진출을 모색하려던 한강 · 여헌계의 입장이 맞아떨어진 결과
였다. 석담은 사간원정언, 성균관전적 등을 지내면서 경연관으
로 활약하였으며, 승문원교리 등 문한직을 역임하였다. 석담이
반정 후 관직에 나가 있을 때는 반정공신들이 주로 정권을 장악
하였던 시기였다. 교리에 있으면서 경연관으로 참여하였을 때
석담은 공신들의 횡포에 대해 직접적으로 지적하고 나섰다.

　　교리 이윤우가 아뢰기를, "광해군이 10여 년 동안 혹독하게 침
　　탈할 적에 궁중宮中의 차인差人들이 각 고을에 횡행했던 것이
　　곧 첫째가는 고질적인 폐단이었는데, 오늘날 다시 이런 일이
　　있으니 진실로 통탄스러운 일입니다. 든건대 충훈부의 위임을

받은 차인들이 역마를 타고 횡행하며 기름진 전토田土를 탈취하고 부역에서 빠져나온 완악한 백성들을 모아 놓고는 충훈부의 둔전屯田이라고 이름하는가 하면, 심지어는 과거 국정을 어지럽혔던 대부大夫들의 전장田庄을 모두 여러 공신들에게 소속시키고 당시 약탈당한 물품들도 그대로 차지한 채 돌려주지 않고 있다고 합니다. 이는 잘못된 폐습을 여전히 본받고 있는 것입니다"라고 하였다.

『인조실록』, 권7, 2년 10월 13일 갑오

석담은 이후에도 여러 차례 공신들이 전토田土를 탈취하거나, 둔전屯田이라는 이름으로 빼돌리는 모습들을 광해군 대에 비유하면서 비판하였다. 석담은 비록 서인정권에 참여는 하였으나 새로 집권한 공신들의 횡포에 대한 비판을 늦추지 않고 있었다.

이러한 자세로 인해 서인정권 아래에 있었지만 인조의 신임을 받아 여러 관직에 중용되었다. 특히 1624년 이괄이 반란을 일으켰을 때는 왕명을 받아 함경도 초유어사招諭御使로 파견되기도 하였다. 1625년에는 사간원보덕으로 서연에 나아갔으며, 4월에는 정사원종공신에 녹훈되었다. 이후에도 사복시정, 의정부검상·사인 등을 역임하였다. 1627년 정묘호란이 일어났을 때는 경상좌도호소사 정경세의 종사관으로 근무하면서 의병을 초유하고 군량을 모으는 데 기여하였다. 1628년 담양부사에 임명되었는데, 부사로 봉직하면서 향풍 진작과 기민 구제에 많은 노력을 기울였다. 1630년 그가 담양부사에서 물러나자 고을 사람들이 청덕비를 세웠으며, 유생들은 따로 홍학비를 세웠다. 1630년 성균관사성, 1631년 공조참의 등을 역임하였다. 1632년 와병 후 1634년에 사망하였다.

특히 담양부사 시절 선정을 베풀어 후일 담양의 군민들이 직접 웃갓에까지 와서 석담이 거주하였던 집의 담을 새로 쌓아 주어 지금도 그 흔적이 남아 있다. 동명東溟 김세렴金世濂은 석담의 아들 삼형제의 부탁으로 묘지명을 지었는데 석담의 일생을 간결하게 표현하면서 그 적덕이 후손에 미치고 있음을 말하고 있다.

처음 한강 정구 선생께서 진정한 학문을 창도하였는데 공이 그 고제가 되어 인仁으로써 자기의 임무로 삼으시었다. 지知와 행行이 함께 나아가 진리를 쌓는 노력을 오랫동안 하시어 밝고 성한 모습이 온몸에 가득 찼으니 그 나아가신 바가 어찌 깊지 않겠는가. 직필을 과감히 휘둘러 호랑이의 아가리와 같은 권간의 모해를 벗어나지 못하시어 두 번이나 먼 변방으로 쫓겨 났으나 조금도 불만을 얼굴에 보이지 않으시면서 문을 닫고 병을 요양하시면서 장차 종신하려는 듯하셨으니 그 얼마나 장하신가. 밝으신 임금님을 만나게 되어 충성과 곧은 절개를 다 하시어 정대한 모습으로 조정에 서시어 옆에서 논의하고 생각하시어 임금께서 하시려는 정책을 도우셨으니 그 사업 또한 빛나고 드러나지 않았는가. 세상이 바야흐로 공을 중하게 여겨 의지하려고 하였으니 재상감을 지목할 때에는 반드시 공을 먼저 꼽았는데 불행히 질병 탓으로 지위가 덕에 미치지 못하였고 또한 장수하지도 못하셨으니 이 역시 어찌 천명이 아니겠는가. 그러나 훌륭한 자손이 있어 그 가문의 명성을 대대로 이어 나가고 있으니 하늘이 선한 자에게 보답하여 베푸심이 여기에 있는 것이다.

『석담선생실기』, 부록, 「묘지명」

미수 허목도 석담의 일생을 정리한 묘갈명을 지으면서 다음과 같은 명을 바쳤다.

확고하고도 청렴하며 온화하고도 흠이 없어, 교훈이 될 만하고 본받아 행할 만하니 과연 군자였도다. 노魯나라에 군자가 없었으면, 이 사람이 어디서 이 덕을 취할 수 있겠는가.

『석담선생실기』, 부록, 「묘갈명」

2) 인조 후반 정국과 낙촌 이도장

낙촌 이도장(1603~1644)이 중앙정계에 본격적으로 뛰어든 것은 생부인 이윤우의 상을 마치고 1636년(인조 14) 12월 주서로 복직하였을 때이다. 12월 9일 병자호란이 발발하였을 때 낙촌 이도장은 주서의 직책으로 인조를 호종하고 있었다. 청나라 군사가 출병한 지 3일 만에 선발대가 개성을 넘어서게 되자 인조는 12월 13일 정묘호란 때와 마찬가지로 강화江華로 행차할 것을 결정하였다. 당시 이도장은 도체찰사都體察使 김류金瑬에게 함부로 임금께서 거둥하시게 했다가 변이 있게 되면 어떻게 하겠냐고 물었다. 12월 14일 개성유수가 적군이 송도를 이미 지났다고 보고해 오자 그날 저녁 인조는 급히 남한산성南漢山城으로 들어갔다. 이

이도장 고신

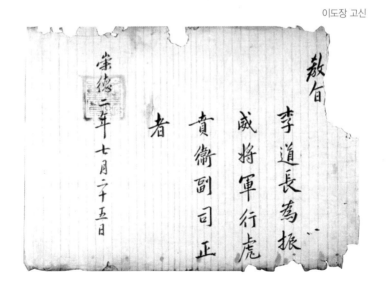

때도 김류, 홍서봉, 이성구 등 일부 대신들은 남한산성이 험하기는 하나 형세가 외로워 오래 머물 수 없으니 밤을 틈타 강화로 갈 것을 청하였다. 15일 사관 김홍욱金弘郁 · 이지항李之恒 · 유철兪㯙, 설서 유계兪棨, 주서 이도장 등은 군병들이 궐 아래에 모여 왕이 강화에 가기만을 기다리고 있으면서 아직도 성을 나눠 지키지 않고 있음을 지적하고 체찰사 이하 모든 장수를 불러 군령을 듣게 함으로써 수성守城하는 뜻을 보일 것을 청하였다. 이러한 상황 판단과 민첩한 일처리로 이도장은 인조의 신임을 받아 이후 2년 동안 측근에서 인조를 보필하였다.

　김류金瑬, 홍서봉洪瑞鳳, 김신국金藎國, 장유張維, 최명길崔鳴吉, 이성구李聖求 등 화의론자들이 김상헌, 정온, 윤황 등의 주전론자들의 반대를 꺾고 화약和約 맺기를 청하여 1637년(인조 15) 1월 30일 인조는 성을 나와서 항복하였다. 당시 청은 척화를 주장하였던 신하들의 명단을 요구하였는데 영의정 김류가 8명의 이름을 주면서 적기를 명하였으나 이도장은 3인의 이름만 적고는 청에서 요구한 것이 인원수를 정한 바가 없는데 굳이 많은 사람을 쓸 필요가 없다며 더 이상 적지 않았다. 그런데 인조는 청에 항복하게 되면서 이 과정에서 척화론을 펼친 윤황, 김상헌 등에 대해 척화가 아니라 나라를 그르친 자들이라고 노골적으로 비판하였다. 인조를 시종하고 있었던 이도장은 최명길과 같이 차츰 주화론의 노선을 걷게 되었다. 당시 이도장은 예문관검열 · 봉교, 홍문관,

사헌부, 사간원에 연달아 재직하였다.

이러한 분위기 속에서 1638년(인조 16) 7월 청에서 명나라를 공격할 조선 군사의 차출을 요청해 왔다. 출병 문제가 논란이 되면서 병자호란 당시 낙향하면서 처벌받지 않았던 김상헌과 정온이 주로 공격의 대상이 되었다. 이들은 항복이 결정되었을 때 자결을 시도하였던 척화론자들이었으며, 항복 후에는 향리에 은거해 있었다. 1638년 7월 사헌부장령 박계영朴啓榮과 류석柳碩이 호란 직후 김상헌의 행적을 비판하면서 처벌할 것을 요청하였다. 10월 사간원지평 이도장은 사헌부장령 이여익李汝翊과 함께 김상헌을 중도부처中道付處의 처벌을 할 것과 정온을 파직시켜 등용하지 말 것을 거듭 주장하였다. 이에 대해 김상헌 측에서는 공론에 가탁하여 김상헌을 공격하고 김상헌 측 사류들을 축출하려는 정치적 의도에서 이와 같은 언론이 나온 것으로 보았다. 게다가 호란 직후 주화론에 비판적이었던 영남 일각에서는 이도장이 김진金振, 이도李禂와 함께 최명길의 문객이 되었다고 말하는 지경에 이르렀으며, 또 일부에서는 이도장이 동계 정온을 탄핵한 것에 대해 분노를 표시하기에 이르렀다.

1638년 4월 이후 일부 젊은 남인세력들은 최명길과 함께 정권의 일익을 담당하고 있었다. 남인이었던 류석, 이도장 등이 김상헌과 정온을 같이 공격한 것은 사실 최명길과 함께 인조의 뜻을 받든 것이었다. 인조는 당시 공공연하게 김상헌을 인륜에 죄를 지은 사람이라고 공격하고, 출사를 꺼렸던 신료들에 대해 고상한 척한다고 비난하였다. 또한 김상헌에 대한 공격에 동참하였던 연소한 신료들은 홍문록에 입록하는 등 주위에 두면서 계속 중용하였다. 이도장은 1638년(인조 16) 10월 정언, 11월 부교리, 이조좌랑에 임명되고 11월에는 지제교知製敎에 초선되었다. 한편 김상헌은 11월 삭탈관직 되었으며, 이에 따라 류석, 이도장 등 젊은 대간들의 척화신에 대한 공격은 더 이상 진행되지 못하였다. 이러한 남인계 소장 인사들의 김상헌과 정온에 대한 공격은 병자호란 때 어이없이 남한산성에서 내려와 항복하게 되었던 인조가 척화신에 대해 가지고 있었던 반감과 분노를 대변한 것이었다. 그러나 이는 결과적으로 향후 서인세력들이 광주이씨 이도장의 후손들을 철저하게 탄압하는 계기가 되었다.

이도장은 1639년 1월 고향에 내려왔다가 3월에 부수찬이 되었다. 이어 지방관으로 합천군수를 역임하고 중앙 관직으로 부응교, 사간 등에 보임되었으나 1640년 이후에는 질병으로 계속 사직 상소를 올렸다. 1644년(인조 22)에 사망하였다. 미수 허목이 묘비명을 지었는데, 이도장을 다음과 같이 평하였다.

공은 능통한 식견과 민첩한 재주가 있었으며, 또 널리 배워 재
예才藝에 능했으므로, 일을 논함에 있어 기미를 잘 알아 남들
이 따를 수 없는 바가 많았다. 가정생활의 선행을 열거하면, 부

모 형제에게 잘했고 상喪과 제사에 독실하였다. 가족을 가르치되 반드시 충애忠愛와 친친親親으로 근본을 삼았다. 의리에 처하기를 확고히 했고, 재물에 임해서는 청렴했으며, 착하지 못한 일을 보면 자기를 더럽히는 것처럼 생각하였다.

『낙촌집』, 권3, 부록, 「묘비명」

묘비명의 끝에는 다음과 같은 명문銘文을 수록하였다.

강직한 충성과 몸을 돌보지 않는 절개를 지녔으나, 끝내 크게 쓰이지 못하고 중도에 꺾였으니, 아! 슬프도다, 이것이 운명인가.

『낙촌집』, 권3, 부록, 「묘비명」

3. 현종·숙종 초
영남 남인계의 대표자 귀암 이원정

1) 현종 대 정국과 귀암 이원정

이원정은 1642년 장인이었던 벽진이씨 이언영이 별도로 받은 품계를 대신 받아 정9품 종사랑을 시작으로 1651년 정5품 통덕랑에 이르렀다. 또한 1648년에는 생원시에 입격하여 관직 진출을 위한 기반을 확보하였다. 성균관에서 수학 중이던 1650년(효종 1) 류직柳稷 등 경상도 유생들이 율곡 이이와 우계 성혼의 문묘 종사에 반대하는 유소를 올리면서 남인과 서인의 공방전이 펼쳐졌는데, 이 일로 류직이 유벌을 당하자 당시 상사생이었던 이원정 등은 성균관 유생들이 행하는 일종의 동맹 휴학인 권당捲堂

을 행함으로써 류직을 지지하였다.

1652년(효종 3) 마침내 이원정은 문과에 급제하였다. 종7품의 상의원 직장에 임용되었으나 품계는 이전의 대가를 인정받아 봉정대부(정4품)를 받았다. 이원정은 아버지가 살아계셨을 때 등과를 하지 못하다가 돌아가신 지 10년 만에 출사하게 된 소식을 영전에 바치면서 슬픔과 회한의 말을 남기고 있다.

엎드러 말씀드리건대, 사람이 세상에 태어나서 어느 누구들 아버지를 잃어 하늘이 무너지는 슬픔을 겪지 않겠습니까만 허물과 잘못이 너무 크니 어찌 이 같은 자식이 다시 있겠습니까? 삼가 생각하건대, 부군께서 어렸을 때는 병을 계속 달고 계셨으며, 한창 때는 세상을 싫어하셨는데, 불초자는 깨닫지 못하고 평소 마음을 다하여 섬기는 효성이 부족하였습니다. 살아계실 때는 봉양을 다하지 못하였고, 돌아가셨을 때는 상례를 제대로 하지 못하였습니다. 오랫동안 보살펴 주신 은혜에 보답을 하지 못하고 벼슬 없는 사람들의 사이에 끼어 있었으니, 하늘을 우러러보고 땅을 굽어보아도 슬픔과 부끄러움이 늘 깊사옵니다만 허물과 잘못이 너무 크니 어찌 이 같은 자식이 다시 있겠습니까? 어릴 때부터 글을 배웠으나 나태하기 짝이 없었고, 이끌어 주시고 가르쳐 주셨으나 저는 힘들다고 그만두었습니다. 갑신년 과거 볼 때는 실로 요행을 바라는 마음이 간절하였으나 역시 떨어지고 돌아와 마을 입구에까지 나와서 기다리신 부군의 마음을 위로하지 못하였습니다. 이때 부군께서 병이 이미 위독하시어 의원에게 묻고 약도 구하면서 신령께 기도하여 도와주시기를 청하면서 회복하시기를 간절히 바랐으나 끝내는 돌아가셨습니다. 말이 여기에 이르니 창자가 끊어지고 심장이 찢어지는 듯합니다. 소과와 대과에 이름 올린 것은 비록 큰 영광이기는 하나 부군의 무덤은 거칠고 풀까지 우거질 정도니 단지 슬픈 마음이 더할 뿐입니다.…… 오호! 할머니께서 금년 연세가 82세인데 한 번 아프시더니 오래 끌면서 병이 나을 기미가 없습니다. 효심으로 생각함은 곧 법칙과 같은 것이라 저승이나 이승이나 차이가 없을 것인데, 혹 지하에서도 말없이 돕는 도리가 있는지는 알 수 없습니다. 병환을 걱정하는 데 사로잡혀 성묘할 겨를이 없다가 집에 돌아온 지한 달이 지나서야 지금 비로소 묘를 살핀다고 나서니 불효의 죄가 이에 이르러 더욱 큽니다. 새로 급제한 관리로 술잔을 드리는 것은 나라에 큰 은전이 있었기 때문입니다. 슬퍼하고 존경함이 모두 함께 이르니, 비통함이 절실해집니다. 상석 앞에서 또 한 번 통곡하니, 오장이 찢어지는 듯합니다. 삼가 존령께서는 강림하여 흠향하시기 바랍니다.

『귀암집』, 권8, 제문, 「신은제선고부군묘문新恩祭先考府君墓文」

그런데 이원정은 문과 급제 때부터 정계의 주목을 받았다. 문과에 급제한 이들이 문묘를 배알拜謁하기 위해 성균관을 찾았을 때 당시 서인계 재임이었던 이흥직李興稷은 합격자 가운데 이상진李象震이 이이와 성혼의 문묘 종사에 반대하는 유소를 올릴 때 이름을 같이 올렸던 것을 문제 삼으면서 이상진의 배알 자체를 거절하였다. 이에 이원정 등은 이상진이 정거 처벌을 받았으나 해제되어 과거에 응시하고 급제하였으므로 알묘를 못할 이유가 없다고 주장하였다. 성균관의 재임은 끝내 이상진의 알묘를 막았으며 이원정은 이에 다시 상소를 올렸으나 이번에도 승정원이 상소를 기각하였다. 이것이 정치적 사단을 야기하면서 논란이 되고 한편으로는 서인계 관학 유생들의 비난 상소가 올라오자 효종은 상소를 기각한 승지를 파직 처리하고 관학 유생들은 정거停擧하라고 명하였다. 효종이 이원정 등의 주장을 지지한 것이었다. 이러한 전력 때문에 이원정은 이후 과격한 상소가 올라가면 서인계로부터 배후 인물로 지목될 정도였다.

그동안 이원정은 1656년 시강원설서가 되어 천거로 사국에 들어가게 되었는데 석담과 낙촌을 이어 다시 3대째 한림이 된 것이다. 이어 중앙 관직과 지방 관직으로 1657년 전주판관, 1658년 장성부사를 역임하였다. 1660년(현종 1)에는 사은사의 서장관으로 청나라를 다녀왔다. 이후에도 사헌부장령, 강릉부사를 거쳐 1661년 동래부사가 되면서 당상관이 되었다. 1664년(현종 5)에는 형조참의, 좌부승지, 호조참의, 전주부윤, 1666년에는 우부승지, 좌부승지, 형조참의, 호조참의, 좌부승지, 1667년에는 우승지, 광주부윤, 1668년에는 오위도총부총관, 1669년에는 우윤, 공조참판, 1670년에는 형조참판, 사은부사 등을 역임하였다. 이원정은 남인계의 중진 지도자로서 서인계로부터 끊임없는 견제를 당하였으며, 이에 따라 상대적으로 한미한 부서나 지방관으로 근무할 수밖에 없었다.

1670년(현종 11) 11월 별시 전시의 시험관으로 참여하였는데 마침 이때 아들인 정재 이담명이 을과 2인 가운데 첫 번째로 합격하였다. 이 별시는 태조 계비 신덕왕후의 종묘 합사와 왕세자의 관례를 경축하여 시행된 것이었다. 그런데 이 시험 후 이담명이 시험을 볼 때 잘못 답안한 것을 시험관인 이원정이 지적하지 않고 넘어갔다는 의혹이 제기되었다. 1652년 문묘배알사건 당시 주모자였던 남인계 이원정을 곱게 보지 않았던 서인계 대사간 남이성南二星은 시험 답안지에 잘못이 있는데도 이원정의 비호하에 합격이 이루어졌다고 말하면서 이에 대한 처벌을 주장하였다. 서인계 대간들도 함께 일어나 과거 합격을 취소할 것을 청하였다. 그러나 당시 함께 시험관으로 참여하였던 사람들은 그다지 문제가 되지 않는다고 변호하였다. 이에 대한 서인계 대간들의 공격이 지속되었다가 현종이 그러한 혐의는 근거가 없음을 지적하면서 이듬해 1671년 4월 논의가 중단되었다. 현종은 이원정의 일이 오로지 다른 파벌을 공격하는 데서 비롯되었다고 보았다. 이해 7월 이원정은 외직으로 나가기를 청하여 양주목사로 나갔다.

1673년(현종 14)에는 다시 한성부우윤이 되었다가, 4월 도승지에 특별히 제수되었다. 그러자 서인계 정유악鄭維岳은 이원정이 재상의 반열에 오른 뒤 청현淸顯 부서의 직임을 거치지 않았기 때문에 도승지가 되기에는 경력이 부족하다며 체직을 요청하였다. 당시 이원정은 1661년 동래부사가 되면서 당상관인 통정대부에 오른 뒤 호조·형조·공조의 직임은 맡았으나 이조나 병조의 직임을 맡지는 못한 상태였다. 이에 대해 효종은 이원정이 일찍이 대간을 역임하였고 또한 승정원으로부터 승자陞資되었으며, 지방관으로 오랫동안 근무하였기 때문에 논핵할 일이 아니라고 말하였다. 현종은 이러한 체직 주장을 당론에 따른 것이라고 일축하였다.

지금의 물의는 당론黨論을 선무로 삼고 공도公道를 다음으로 여기고 있다. 만약 당론으로 따진다면 원정이 인망에 맞지 않은 지가 오래되었으나, 공도로 논한다면 원정이 여러 신하들에 비해 미치지 못할 리가 없다. 또 만약 지난날의 풍파를 가지고 고집하여 말한다면 군읍에서 해를 보내는 동안 뭇 치설齒舌을 잠재울 만하였는데 지금 어찌 급급하게 구는가. 중비中批로

특별히 제배한 것은 본디 떳떳한 격식은 아니나, 일체 해조의
정체政體에만 의존하여 해야 한단 말은 듣지 못했다. 그대들의
말은 매우 바르지 못하다.

『현종실록』, 권21, 14년 4월 23일 임술

그러나 서인계 대간의 이원정에 대한 경질 논의가 그치지 않
았다. 이러한 논의의 뒤에는 당쟁이 격화되면서 남인계의 중진
인 이원정에 대한 서인계의 악화된 감정이 내재해 있었다.

감정을 더욱 악화시킨 사건은 예송이었다. 1659년 효종의
사망에 따른 인조의 계비인 자의대비慈懿大妃의 복상기간服喪期間
을 둘러싸고 일어난 기해예송(1차 예송)에서 기년朞年을 주장한 서
인과 3년을 주장한 남인 중 어느 쪽을 선택할 것인가에 대한 격
화된 논란 속에 결국 『국조오례의』를 따르게 되었다. 그러나 결
과적으로는 기년설이 채택됨으로써 서인이 잠정적인 승리를 거
두었다. 이에 따라 기해예송의 주론자인 윤선도는 유배를 가게
되었으며, 허목許穆, 권시權諰, 조경趙絅 등은 좌천되었다. 송시열
의 예론을 비난하였던 홍우원은 파직되었다. 1666년(현종 7)에는
류세철柳世哲 등 영남 남인 1,400여 명이 송시열에 대한 비난 상소
를 올렸으며, 이에 대항하는 서인계 성균관 유생 등의 반박 상소
로 예송은 절정에 이르렀다. 이에 현종은 기해년의 복제는 사실
상 『국조오례의』를 따른 것이며, 복제를 빙자하여 유현을 모독하

는 것을 금지하였다. 이에 1차 예송은 일단락되었다.

남인들은 1차 예송의 패배로 정치적으로는 불리한 처지에 놓였으나 복제 논의 과정에서 주군을 높이려는 의지로 인해 차츰 정계에 큰 폭으로 진출하기 시작하였다. 특히 허적, 허목, 윤휴 등이 후견이 되고 이들과 연계된 남인 일부 세력이 중앙 관직에 활발하게 진출하기 시작하였다. 이원정도 1673년 9월 도승지에 임명되고 12월 병조참판을 제수받았다.

그런데 1674년(현종 15) 2월 효종비인 인선왕후仁宣王后가 죽자 조대비의 복제문제가 다시 제기되었다. 예조에서 처음에는 기년으로 하려고 하다가 대공大功의 9개월로 정하였는데, 이에 대한 책임을 물어 현종은 예조의 당상과 낭청을 교체하고 예조판서에 홍처량洪處亮, 예조참판에 이원정李元楨을 구두로 임명하였다. 그러나 이원정은 3월 도승지에 임명되었으며, 6월 호조참판에 임명되었다. 이에 따라 격화되어 가던 예송에서 한걸음 물러나게 되었다.

한편, 대공으로 결정된 복제服制를 빌미로 남인은 본격적으로 다시 예송논쟁을 벌이기 시작하였다. 1674년 7월 6일 도신징都慎徵의 상소를 기점으로 상복을 입을 기간이 정치 문제가 되었다. 그런데 이원정은 서인계로부터 류세철 상소와 도신징 상소의 배후 인물로 지목되었다. 후일 『숙종실록』의 서인계 사관은 사평에서 아예 이원정이 도신징을 사주하였던 것으로 적고 있다.

이원정 등은 복제服制의 일로 남을 시켜 신소申訴하려 하였으나 마땅한 사람을 얻지 못하다가 도신징이 마침 왔으므로, 이원정 등이 크게 기뻐하여 그 처음의 소장을 멈추게 하고, 새로 조장을 지어 주고 후한 이익을 주어 꾀어서 올리게 하였는데, 이때에 이르러 도신징을 수공首功으로 삼았으며, 류세철柳世哲을 내시 교관으로 삼은 것도 그 상소한 공 때문이었다.

『숙종실록』, 권3, 1년 3월 28일 병술

예관禮官들이 처음에 대왕대비大王大妃가 인선왕후仁宣王后를 위한 상복喪服을 기년朞年으로 정하였을 적에 삼사三司의 여러 신하들이 잘못되었다고 장차 차자箚子를 올려 논핵論劾하려고 하니, 예관이 이에 대공大功으로 고쳐서 개부표改付標하였다. 그때에 장선징張善瀓이 안에 있었으므로 선왕께서 장선징에게 물으니, 대답하기를, "예禮는 이와 같습니다"라고 하자, 선왕께서 드디어 윤허하여 내렸다. 이에 남인南人들이 손바닥에 침을 뱉고 일어났으니 이원정李元禎 등은 도신징都愼徵을 사주하여 상소上疏를 올리게 함으로써 정榑 등과 더불어 한통속이 되었다.

『숙종실록』, 권3, 1년 4월 10일 무술

결국 현종은 대공설을 잘못된 예의 적용으로 판정하고 7월 서인계 영의정 김수흥金壽興을 파직하고 대공설을 거듭 주장한 대사간 남이성南二星을 유배 보냈다. 그리고 현종은 송시열의 주장을 물리치고 복제를 기년으로 확정하였다. 그러나 현종이 8월 들어 급서하고 어린 숙종이 즉위하자 영의정 허적이 정국을 이끌어 나가면서 서인들은 대부분 물러나고 남인들이 정권을 잡게 되었다.

1675년(숙종 1) 1월 숙종은 서인의 영수인 송시열이 예를 잘못 인용하여 효종과 현종의 적통을 손상시켰다고 비난하면서 덕원부로 귀양을 보내기에 이르렀다. 이에 서인들은 송시열을 구원하는 상소를 올렸으며, 남인들은 송시열을 비롯한 서인에 대한 처벌 문제로 강경파와 온건파가 나누어질 정도였다. 이렇듯 서인과 남인 간의 대립이 격화되었다. 당시 정권을 잡았던 남인이 직면하고 있었던 10가지 어려움을 서인 측 사관은 다음과 같이 제시하였다.

자전慈殿의 뜻을 돌리기 어렵고, 청풍부원군淸風府院君은 제어하기 어렵고, 좌상左相은 제거除去하기 어렵고, 병조판서兵曹判書는 움직이기 어렵고, 영상領相은 믿기 어렵고, 소북小北은 단합團合하기 어렵고, 태학太學은 뺏기 어렵고, 두 민씨閔氏는 제거하기 어렵고, 우尤의 명성名聲은 가려 버리기 어렵고, 문형文衡은 얻기 어렵다는 것이었다.

『숙종실록』, 권3, 1년 4월 10일 무술

여기서 자전은 현종비 명성왕후明聖王后(1642~1683)인데, 청풍
부원군淸風府院君 김우명金佑明의 딸로 아버지와 함께 서인 편에
섰다. 숙종 초 궁내에서 남인세력의 축출에 적지 않게 관여하였
으며, 어린 숙종을 대신하여 조정의 정무까지 좌우하였다. 청풍
부원군은 1674년 갑인예송 때 남인 허적과 연합하기도 하였으나
남인이 정권을 강화하자 오히려 남인세력을 제거하는 데 노력하
여 남인 측으로서는 제어하기 어려웠다. 좌상은 안동김씨 김수
항金壽恒으로, 갑인예송 때 영의정이던 형 김수흥이 쫓겨나자 대
신 좌의정이 되었다. 김상헌의 손자로 송시열이 가장 아끼던 후
배였다. 숙종 즉위 후 허적과 윤휴를 배척하다가 남인의 미움을
받아 실각하였다. 병조판서는 김석주金錫胄로, 서인 중 한당 계열
에 속하며 갑인예송 때 남인 허적許積과 결탁해 송시열, 김수항의
산당을 제어하는 데 큰 역할을 하였으나 남인의 권력이 강화되자
다시 송시열과 손을 잡고 도리어 남인을 제거하는 데 앞장서기도
하였다. 영상은 허적으로, 때에 따라 변통하는 수가 능하다는 평
을 받았으므로 남인으로서는 영상을 믿기 어려웠다. 두 민씨는
숙종 계비인 인현왕후仁顯王后(1667~1701)의 숙부인 민정중閔鼎重과
그녀의 아버지인 민유중閔維重을 말한다. 우는 우암 송시열(1625~

1689)을 말하고, 문형은 홍문관 대제학 김만기金萬基(1633~1687)를 말한다. 김만기는 숙종비 인경왕후(1661~1680)의 아버지로 1672년(현종 20) 대제학이 되었다. 1674년(숙종 1)에 김만기가 영돈녕부사가 되면서, 대제학은 역시 서인인 이단하李端夏(1625~1689)가 맡았다.

따라서 서인계는 송시열에 대한 처벌 상소를 정치적 의도를 가진 남인계에 의한 정권 장악 의도로 보았으며, 이에 따라 양송에 대한 비난 상소가 올라가면 남인 출신 관료인 이원정이 그 배후에 있었던 것으로 보았다. 그래서 1675년(숙종 1) 7월 우승지 장응일이 송시열, 정창도, 권유 등을 비난하는 상소를 올렸을 때 적은 사평이나, 9월 곽세건과 도신징에게 6품관을 내리는 명령에 대한 사평에서도 그 배후 인물로 이원정을 지목하고 있다.

> 장응일張應一은 늙고 혼미昏迷하여 스스로 소장疏章을 만들지 못할 사람이라, 혹자는 이원정李元楨이 대신 초고를 만든 것이라고 의심하였다.
>
> 『숙종실록』, 권4, 1년 7월 5일 신묘

> 곽세건郭世楗도 사람됨이 또한 간사하여 반드시 서인西人을 얽어 해치려고 하여 서울에 올라와서 틈을 엿보았는데, 여러 남인南人이 돌려가며 이를 용납하였다. 이원정李元楨이 소疏를

만들어 곽세건을 부추겨서 올리게 하니, 곽세건이 팔을 걷어

올리면서 스스로 담당하였다. 곽세건은 스스로 그 공功이 많

다고 여겨, 바라는 바가 매우 높아서 참하직參下職에 나아가지

아니하였다. 도신징都愼徵도 벼슬이 낮다 하여 포기한 까닭에,

윤휴尹鑴 등이 6품을 주도록 청한 것이었다.

『숙종실록』, 권4, 1년 9월 23일 무신

한편 송시열에 대한 처리 문제에서 송시열의 잘못을 종묘에

고하여야 한다는 고묘론이 1675년(숙종 1) 발의되기 시작하여

1677년(숙종 3) 본격적으로 개진되었는데, 이원정은 허적, 권대운

이원정 이조판서 고신

등의 일부 반대에도 불구하고 적극적인 고묘론을 주장해 강경파의 입장을 견지하였다. 숙종 초의 남인 집권기에 이원정은 1677년 형조참판, 대사간, 대사헌, 도승지, 병조참판, 성균관대사성, 형조판서, 1678년 한성부판윤, 대사헌, 호조판서, 1679년 공조판서, 대사헌을 거쳐 이조판서에 이르렀다.

2) 숙종 초 귀암 이원정의 피화와 신원

허적을 비롯한 남인들의 지나친 득세를 우려한 척신세력 김석주의 계획과 숙종의 남인에 대한 염증이 어우러지면서, 숙종은 1680년 3월 28일 밤 총융사와 훈련대장 등 병권을 서인에게 넘겨주었다. 이러한 갑작스런 조치가 내려진 것은 그날 낮 영의정 허적이 조부 허잠이 시호를 받은 것을 기념하는 잔치를 베풀면서 궁중 잔치에 사용하는 기름칠한 장막 등 물품을 사사로이 가져갔을 뿐만 아니라 모아들인 무사들이 많다는 보고를 숙종이 받았기 때문이었다. 그리고 다음날 문반 관료들의 인사권을 가지고 있던 이조판서 이원정은 관리들의 천거 선발에 한쪽 사람만을 편중되게 임용하였다는 이유로 관직을 삭탈당하고 문외출송門外黜送되었다. 남인 정권이 무너지고 서인 정권이 들어서는 이해의 정치 변동을 경신출척庚申黜陟이라고 하기도 한다.

경신환국이 일어나면서 남인계 관료들은 이제 축출의 대상이 되었다. 환국으로 정권이 교체되고 남인을 멀리하고자 하는 숙종의 의지가 확인되자, 4월 5일 고변이 들어왔다. 허적의 서자인 허견이 복선군 남柟을 왕으로 삼으려는 역모를 꾀하였다는 것이었다. 국청鞫廳이 설치되고 국문이 진행되면서 사건의 직접적 관련자들이 차례대로 처형되었다. 공초에 등장하였던 많은 남인이 대대적으로 처벌되었다. 이제 칼날은 허적, 윤휴, 이원정 등 남인의 주류 세력으로 나아갔다. 숙종 초반기 이원정은 관료 출신 인물로는 상대적으로 희소하였던 영남 남인 출신이자, 관리들의 인사권을 장악한 이조판서였으므로, 후일 숙종 후반기에 이조판서를 역임한 이현일과 함께 서인 측에 의해 가장 많은 공격의 대상이 되었다. 당시 영남 남인 출신 관료 가운데 고위급이었던 이원정은 환국에 따른 정치적 공격의 대상이 될 수밖에 없었다.

이원정은 4월 17일 다시 국청에 불려 왔으며, 국청 결과 허견과의 관련성은 드러나지 않았으나 허견의 초사招辭에 이름이 등장하고, 이조판서로 재직하면서 사사로움을 좇았다는 이유로 1680년(숙종 9) 4월 19일 이산理山으로의 유배가 결정되었다. 당시 광주이씨 일족들도 이러한 정쟁에 휩쓸려 들어가 이담명은 승정원승지를 그만두고 아버지를 모시고 유배지로 갔으며, 호조참관으로 재직하였던 이원록李元祿은 파직되었다.

서인이 집권하면서 남인에 대한 공격은 계속 이어졌다. 8월 10일 이원성李元成의 고변으로 옥사가 일어났는데, 복선군 남과 이원정이 친하였으며, 이태서로 하여금 이원정과 윤휴를 부추거서 체찰사부를 다시 설치하게 되었다는 초사가 나왔다. 이에 윤8월 3일 체포 명령이 떨어져 16일 유배지에서 다시 잡혀 왔다. 그가 역모에 가담하였다는 증거는 없었으나 역적들의 공초에 자주 나오므로 잡혀 와 장신杖訊 일곱 차례와 압슬壓膝 한 차례가 이어졌다. 이원정은 고문에도 불구하고 끝내 역모를 승복하지 않았다. 이원정은 1680년(숙종 20) 윤8월 21일 결국 장하杖下에 사망하였다.

당시 서인계는 이전에 자신들을 공격한 일의 배후에는 이원정이 있다는 혐의를 두고 있었기 때문에 체부 복설 주장에 대해 역모의 무력 기반인 군사권을 장악하려는 의도에서 나왔다고 하면서 이를 빌미로 이원정을 죽음으로 몰고 갔다. 이원정의 신도비명을 번암樊菴 채제공蔡濟恭이 작성하였는데 그 첫머리에 다음과 같이 적고 있다.

제공濟恭이 돌아가신 총재 귀암 이공의 행장을 읽고서 여러 번 울고 길이 탄식하면서 더욱 편당偏黨이란 것이 사람과 집과 나라에 화를 미친 다음에 그치게 됨을 알게 되었다. 무릇 숙종대왕께서는 밝으신 임금이요, 공은 충성된 신하이다. 충성된 신하로서 밝으신 임금을 섬기면 마땅히 그 이로운 혜택이 백성들에게 베풀어지고, 그 예우가 종신토록 있어야 한다. 그런데

이원정 신도비 귀부

어찌된 일인지 척신戚臣들이 남몰래 권력을 잡고 불행의 그물을 펼치고는 곤륜산의 세찬 불길로 우리의 양옥良玉을 녹여버리려고 하는가. 이것이 하늘의 뜻인가. 귀신의 뜻인가. 슬프도다, 당화黨禍란 것이여. 그러나 하늘이란 끝까지 속이지는 못하는 것이요, 이치란 끝까지 어길 수는 없는 것이다. 1기(12년)도 되지 못하여 임금의 깊은 마음에 크게 깨달은 바가 있어 가 없게 생각하는 교지를 여러 번 내려보내고, 그 죄명을 적은 글을 씻어 버리고 영의정으로 증직을 내리시었다. 오호! 이에 하늘이 또 한 사람을 이겼도다. 군자에게는 권하는 것을 알게 하고, 소인에게는 두려운 것을 알게 하니, 비록 당인黨人이라 한들 하늘이 하는 일을 어찌 할 수 있겠는가.

『번암집』, 권47, 신도비神道碑, 「증대광보국숭록대부의정부영의정겸영경연홍문관예문관춘추관관상감사행숭정대부행이조판서겸판의금부사지경연사홍문관제학동지춘추관사귀암이공신도비명贈大匡輔國崇祿大夫議政府領議政兼領經筵弘文館藝文館春秋館觀象監事行崇政大夫行吏曹判書兼判義禁府事知經筵事弘文館提學同知春秋館事歸巖李公神道碑銘」

그리고 끝에는 귀암 이원정의 행적을 명문銘文으로 적으면서 억울하게 화를 당한 것과 임금의 은혜로 다시 영광을 되찾게 되었음을 밝히고 있다.

큰 고개 마루의 우람하신 원신元臣께서 나셨으니, 어려서 배우고 커서는 행하시니 좋은 가문의 연원이 있네. 임금께서는 좋다고 하셨네, 내게 있는 어진 신하라고. 한림원은 깊고 깊어 삼세를 날갯짓했네. 동죽銅竹과 은대銀臺에서 큰 명성을 날렸건만, 저 일당들은 눈 흘기며 곁에 있네. 숙종 임금께서 잘 이은 왕통을 종묘에 예로 고하였는데, 일월같이 분명한 종통을 누가 감히 더럽힐 것인가. 영남에서 공이 왔으나 입고 온 베 도포 영성했네. 준엄해야 하였겠지만 그 품은 것은 은혜뿐이셨네. 성균관의 장이 되고 여러 관청 다 돌았네. 이조판서 역임했지만 청탁은 받지도 않았네. 누가 척족을 끼고 했나, 피 이빨로 무는 일을. 펼쳐져 있는 그물 하늘 가득하니 공이신들 어찌 면할 수 있겠는가. 귀양 갔다가 다시 잡혀오니 귀신조차 슬퍼하네.…… 빛나도다! 은혜로운 말, 대궐에서 내리셨네. 깊은 저 땅속에 하늘빛이 비치자, 저 원수들의 기가 죽고 여러 입이 막혔네. 어느 임금인들 신하 없고 어느 신하인들 임금 없겠나만, 이 같은 슬픈 영광으로 그 임금과 신하 볼만하네. 군신이 함께 밝아 하늘의 기운조차 밝게 비추니, 검은 비석 변치 않고 이 세상과 같이하리. 나의 붓 삼엄하니, 편당을 짓는 너희를 벨 것이리라.

『번암집』, 권47, 신도비, 「귀암이공신도비명」

이원정의 사후에는 정국의 변화에 따라 이원정에 대한 복관과 삭탈이 반복되었다. 노론계 민유중의 딸인 계비 인현왕후가 아이를 낳지 못하는 가운데 1688년 10월 숙종이 총애하던 소의 장씨가 아들을 낳자, 장씨와 가까운 남인계가 다시 등장하기 시작하였다. 또한 서인은 노론과 소론으로 나뉘어 다투면서 세력이 약화되었다. 1689년 1월 숙종은 노론계의 반대에도 불구하고 왕자의 원자元子 정호를 종묘사직에 고하고 생모 장씨를 희빈으로 높였다. 그러나 노론의 영수 송시열이 격렬하게 반대론을 펼치자 숙종은 2월 1일 송시열에게 불충의 죄를 물어 삭탈관작하고 이어 서인계 관료들을 대대적으로 쫓아내는 기사환국을 단행하였다. 이에 따라 다시 남인이 집권하게 되었다. 그리고 1689년(숙종 20) 2월 10일 비망기를 내려 이원정 등은 죄가 드러나지 않았는데도 장하杖下에 죽었다고 말하고 관작官爵을 회복토록 하였다. 이어 3월 3일 이조판서의 교지를 다시 내려보냈다.

이때 형조참의에 임명된 아들 이담명은 상소를 통해 거듭 아버지의 억울함을 호소하였다.

체찰부體察府를 다시 설치하자는 것이 신臣의 아비의 평생의 죄안罪案이 되었는데, 이 논의로 말하자면 실로 김석주金錫冑에게서 비롯된 것입니다. 신의 아비는 김석주에게서 듣고 성상께 아뢴 까닭으로, 신의 아비가 체포되려던 즈음에 김석주가 이르러 자신이 증명하려 한다고 하였으며 신의 아비가 귀양 갔을 때에 보낸 편지가 아직도 있습니다. 그러나 다시 국문鞫問을 당하게 되자, 김석주는 이를 말하지 않았을 뿐만 아니라 도리어 돌까지 던졌으며, 이남李枏과 친밀하였음도 또 신의 아비의 죄가 된다고 하였습니다. 그리고 신의 아비와 오정일

吳挺—은 매우 친하였습니다만, 이정李楨과 남첨南㮨은 곧 오정일의 생질인 까닭으로 신의 아비가 혹 서로 알았다고 하더라도 또한 일찍이 비난하고 배척하는 말이 있기도 하였으니, 어찌 친밀하다고 할 수가 있겠습니까? 오정창吳挺昌이 오히려 말한 것은 단지 신의 아비가 영남 사람으로서의 시의時議에 거슬림이 가장 심하였던 까닭으로 그 즐겨 듣기를 바라고서 그랬던 것일 뿐입니다. 아비의 원통함이 비록 신원伸寃되었다 하더라도 신은 불충不忠하고 불효不孝하니, 어찌 하늘을 이고 땅을 밟으며, 다시 조정朝廷을 욕되게 할 수 있겠습니까?

『숙종실록』, 권20, 15년 2월 28일 병인

이에 숙종은 비답을 내려, 위로하기를 두텁게 하였다. 이어 숙종은 이원정을 위한 치제문致祭文을 내려보냈으며, 11월에는 영의정으로 추증하였다. 그러나 서인이 다시 집권한 1694년(숙종 20) 갑술환국 때 이원정은 또다시 관작을 삭탈당하였다.

그 후 1712년(숙종 38) 손자 이세원李世瑗이 대궐에 잠입하여 격쟁으로 관작을 회복할 수 있었다. 당시 가뭄이 심하자 숙종이 지극한 억울함을 품고 있으면서 신원되지 못한 자가 있으면 자세히 살펴 아뢰라고 하는 비망기를 내렸다. 이에 이세원은 5월 17일 대궐의 단봉문丹鳳門으로 들어가 차비문差備門 밖에서 격쟁을 행하였다. 이세원의 공사도 이담명의 상소와 마찬가지로 이원정이 대사간으로 있을 때는 모두 다 체부가 필요 없다고 하여 혁파해야 한다고 상소하였으나, 변방에서 경보가 있자 병사를 주관하였던 김석주가 체부의 복설을 진달하도록 하여 조정에서 공적으로 논한 것을 이원정이 경연에서 고하였을 뿐이었으며, 이는 나라를 위한 우려에서 행한 것이라고 강조하였다. 숙종이 이 사안을 의금부로 옮겨 처리토록 하였다.

이원정을 비롯한 남인계 관료들의 복관 문제는 7월 들어 본격적으로 논의되었다. 비국에서 대신들을 인견하였을 때 숙종은 류혁연과 이원정의 복관을 여러 대신들에게 물었다. 이에 영중추부사領中樞府事 윤지완尹趾完은 이원정의 일에 대해 김석주의 말을 인용하면서 다음과 같이 답변하였다.

> "갑인년 뒤에 체부를 다시 설치하자는 의논이 있었는데, 이원정의 사람됨이 허소虛疎하여 남의 말을 가볍게 믿고 경솔하게 진달하였으니, 본디 무심無心한 데서 나왔던 것이다. 그런데 강만송姜萬松이 이것을 역당逆黨의 처지處地로 돌렸으니, 너무나도 원통하고 억울하다. 이원정의 죄가 있고 없음은 이미 자세히 아는 바이기 때문에 그가 귀양 갈 때 글을 지어 위문하고 또 물건도 보내 주었다. 재차 국청鞫廳에 들어감에 이르러 형추刑推의 명이 있음을 듣고 청대請對하여 실상을 밝히고자 하였으나 미처 주선하지 못하였다"라는 말을 김석주가 여러 번

사람들에게 말하였습니다. 그 말이 믿을 만하기에, 삼가 말씀
드립니다.

『숙종실록』, 권51, 38년 7월 8일 기축

이원정을 죽음으로 몰고 갔던 체부의 복설 주장은 역모에 의
해 이루어진 것이 아니라 김석주 등 조정 대신들이 협의한 것을
대신 진달한 것이며, 김석주도 그러한 사실을 여러 사람들에게
말하여 알고 있다는 것이다. 이에 숙종은 만일 원통한 정상이 있
다면 끝내 반드시 복관해야 할 것이라면서 이원정도 또한 역모에
관여하지도 않았는데 처음에 자세히 살피지 아니하여 마침내 형
장刑杖 아래서 죽었다고 말하면서 관작官爵을 회복하라고 명하였
다. 그 뒤 노론계에 의해 이원정 복관의 명령을 철회해 줄 것을
청하는 상소가 이어졌으나 숙종은 받아들이지 않았다.

한편 귀암 이원정은 1871년(고종 8)에 별도로 나라로부터 시
호를 받게 되었다. 홍문관에서 「시호망기」를 고종에게 올려 낙점
을 받아 확정하였다. 「시호망기」에 의하면 홍문관에서 시호로 문
익文翼, 효문孝文, 효익孝翼의 세 가지를 올려 고종이 문익을 택하
였다. 문익은 학문에 힘쓰고 묻기를 좋아한다(勤學好問)는 뜻의
'문文'과 신중하게 생각하여 깊고 원대하다(思慮深遠)는 뜻의 '익
翼'으로 조합되었다.

3) 귀암 이원정과 대동법 시행

이원정은 관료 출신으로 행정적 업적이 적지 않다. 그러나 정치적 위상으로 인해 이러한 부분이 잘 드러나지 않고 있다. 그 대표적인 업적이 바로 영남지방에서의 대동법 시행이었다. 대동법은 백성들의 세금 부담을 줄이고자 공물을 미곡으로 통일하여 바치게 한 부세제도이다. 이원익(1547~1634), 김육(1580~1658) 등에 의해 추진되어 1608년(광해군 즉위) 경기도에서 처음 시행되었다. 이후 각 도에서 시행에 들어갔으나 유독 경상도지역은 조운이 제대로 마련되지 못하였고, 복잡한 공물 운영 방식 등으로 인해 다른 지역보다 늦어졌다. 1677년 5월 19일 이원정이 대사간 응지소應旨疏에서 영남지역에서의 대동법 실시를 주장하였으며, 그해 6월 숙종이 대신과 비국의 제신을 인견하였을 때 도승지 이원정은 다시 대동법 실시를 상주하였다.

이원정이 아뢰기를, "영남 백성은 역役의 무거움이 다른 도보다 배나 되는데, 민정民情이 대동법大同法의 시행을 바라기가 목마른 사람이 마실 물 바라듯이 합니다. 이태연李泰淵이 감사가 되어 김좌명金佐明과 함께 의논해서 정해 놓은 사목事目이 반드시 감영監營에 있을 것이니, 본도本道로 하여금 등서해서 보내도록 하여 의논해서 결정하는 것이 좋을 듯합니다"라고

하니, 임금이 그대로 따르며, 도내道內의 민정을 또한 수집하
여 계문啓聞토록 했다.

『숙종실록』, 권6, 3년 6월 12일 정사

그의 주청에 따라 대동법 시행이 본격적으로 논의되어 사전
준비 작업으로 1677년(숙종 3) 영남청嶺南廳을 설치하였다. 1678년
영남에서 대동법 시행의 효과를 이루려면 영남의 물정에 밝은 사
람이 선혜청의 당상을 맡아야 한다는 허적의 의견에 따라 당시
형조판서로 있던 이원정이 선혜청당상에 임명되었다. 이듬해에
는 대사성과 선혜청당상을 겸하고 있던 이원정에게서 대사성을
체직시켜 선혜청 업무만 담당하도록 하였다.

한편 1678년 9월에는 영남대동사목嶺南大同事目이 공포되었
다. 이에 선혜청은 1679년(숙종 5) 2월 경상도의 대동미를 수세하
기 위한 경강선을 보내었으며, 이로부터 본격적으로 영남지역에
서도 대동법이 시행되었다. 이와 같이 영남지역에서 대동법이
실시될 수 있었던 데는 이원정의 역할이 컸다.

이 외에도 1677년(숙종 3) 5월 19일에는 군정·환곡 문제와
궁가 염분·어량의 혁파 등과 관련하여 당장 시행해야 할 계책
10조목을 올렸다.

1. 훈련원訓鍊院 별대別隊와 정초청精抄廳 군사 및 각 아문衙門

의 군관軍官과 각 영營의 장인匠人을 우선 혁파하여, 도고逃故·노약老弱 대신으로 충당할 것.

1. 각 아문 아병牙兵에 일정한 액수額數를 첨가하지 못하게 하고, 체찰부體察府 가운데 실효實効는 없이 허명虛名만 있는 것도 혁파할 것.

1. 각 아문의 둔전屯田은 지부地部에서 세를 거두어들이되, 일정한 액수를 정하여 각 아문에 옮기어 줄 것.

1. 사복시司僕寺가 관장하는 제도諸島를 지부地部에 돌려주고, 사복시의 수용에 필요한 요포料布는 호조에서 마련하여 제급題給할 것.

1. 제궁가諸宮家와 각 아문衙門의 염분鹽盆 및 어량漁梁을 또한 지부로 돌릴 것.

1. 포목布木의 품질은 마땅히 국가의 법대로 준행하여 5승升에 35척尺의 규정을 적용하되, 혹시라도 각사各司에서 퇴짜 맞게 된 것은 모두들 사헌부로 하여금 점검點檢하여 조종操縱하는 짓을 방지하게 할 것.

1. 각 고을의 조적糶糴은 결結에 따라 수량을 정하여 정한 수대로 한 다음에는, 어떤 명목名目의 것도 논하지 말고, 불어난 모곡耗穀은 모두 포흠逋欠에 충당할 것.

1. 서북로西北路의 조적도 또한 일체로 수량을 정하되 불어나는 모곡이 백성을 곤궁하게 하는 폐단이 없도록 하고, 수량

이 차지 못했으면 각 년年의 전세田稅로 시한時限까지 수량을 채우게 할 것.

1. 영남嶺南의 온 도도道에도 양호兩湖처럼 경대동법京大同法을 시행하여 차이가 없게 할 것.
1. 남한산성에도 유수留守를 두되 일체를 강화江華의 예대로 하고, 또 품계品階가 높은 재신宰臣으로 수원부사水原府使를 차임差任하며, 아울러 수어청守禦廳·총융청摠戎廳과 경아문京衙門에도 제수할 것.

『숙종실록』, 권6, 3년 5월 19일 갑오

이 계책에 대해 숙종은 뛰어나다는 비답을 내리고 묘당으로 하여금 시급히 시행 방안을 마련해 보고하도록 명하였다.

4) 귀암 이원정의 부인

이원정의 부인은 벽진이씨碧珍李氏로, 승지承旨 이언영李彦英의 딸이다. 남편을 섬기는 데 화순和順하였으며, 예가 있었다. 비록 귀하게 되었으나 검소함을 바꾸지 않았다. 두 아들이 모두 영광스럽게 현달하였으나 언제나 억제하고 겸손함을 잃지 않았다. 지극한 덕과 순수한 행실로 칭송을 받아 『칠곡지』에 그 사적이 기술되어 있다.

이씨 부인은 법도 있는 가문에서 생장하여 법도 있는 가문으로 시집을 갔다. 지극한 덕행과 후한 행실로 육친六親으로부터 칭송을 받았다. 남편이 세상을 떠나자 예를 다해 상을 치렀는데 슬퍼함이 사람들로 하여금 눈물 흘리게 하였다. 장례를 마쳤으나 오히려 죽을 먹으면서 고기를 가까이하지 않았다. 또한 머리를 단장하지 않았으며, 항상 변고가 생겼을 때 입었던 옷을 입었다. 따뜻한 곳에 침구를 펴지 않았으며, 십 년 동안 문밖에는 한 걸음도 나서지 않았다. 원통함을 푼 이후에야 조금 누그러졌다.

『칠곡지』, 권4

4. 숙종 대 남인계의 주론자 정재 이담명

1) 숙종 대 정국과 정재 이담명

이담명李聃命(1646~1701)은 어려서 연천에 거주하고 있었던 미수 허목을 찾아가 학문을 익혔다. 1666년(현종 7) 생원시에 입격한 후 1670년(현종 11) 문과에 급제하였다. 그러나 아버지 이원정이 서인으로부터 견제를 받고 있던 시기였기 때문에 입사과정부터 순조롭지 못했다. 11월 대사간 남이성은 사직 상소를 올리면서 이담명의 답안지에 문제가 있는데도 시험관인 이원정이 간여하여 합격시켰다는 주장을 제기하였다.

대사간 남이성이 사직 상소를 통해 과거의 공정하지 못한 일을 자세하게 논하였는데, 그 내용에, "이번 전시의 합격자 이담명李聃命의 대책문對策文 가운데 중두中頭와 당금當今, 편종篇終 세 곳의 성책聖策 위에 모두 '복독伏讀' 두 자를 빠뜨렸습니다. 여러 시관이 그 문장을 취하려 하다가 규격에 어긋나서 망설이던 차에 시관 이원정李元禎이 자기가 과거를 볼 때의 일로 증명하자 여러 의논이 비로소 결정되어 담명이 마침내 합격하였습니다. 설령 이담명이 격식을 어긴 것이 실로 우연한 실수에서 나왔고 이원정이 증거하여 도운 것 역시 별 사심이 없는 것이라 하더라도 자신의 아들이 합격하느냐 못하느냐 하는 때에 아버지가 간여한 일이 있으면 인정과 물의가 놀라고 분하게 여기는 것이 당연합니다. 신이 듣기로는 선대의 조정에서는 '죄가 응시자에게 있으면 응시자를 벌하고 죄가 시관에게 있으면 시관을 벌하라'는 전교가 있었습니다. 지금 담명 부자는 국법에 있어서 모두 유죄임이 마땅하여 결코 합격자 명단에 둘 수 없는데, 여러 날을 귀를 기울이고 들어도 아직까지 말을 하는 자가 없으니 신은 의아하게 여기고 있습니다"라고 하였다. 상소가 들어간 지 여러 날이 되도록 답이 없었다. 승지 최일崔逸이 "간언하는 신하는 일반 신하와 다른데 오래도록 비답을 내리지 않으시니 자못 거북스럽습니다"라고 아뢰었으나, 상이 답하지 않았다. 또 여러 날이 지나서야 사직하지 말고 직무를 보라고 답하였다.

『현종실록』, 권18, 11년 11월 13일 병인

현종 대 후반은 서인이 집권하면서 산당과 한당으로 분열된 시기로, 이 문제를 적극적으로 들고 나온 세력은 송시열을 중심으로 한 산당 계열이었다. 그러자 시험관으로 참여하였던 한당계 서인인 우의정 홍중보, 부호군 김우형金宇亨, 이단하李端夏, 교리 김석주 등은 이담명의 대책 가운데 세 곳의 성책 위에 '복독伏讀'이 없다고 하나 성책 밑에 '쌍경궤독雙擎跪讀'이라는 글자가 있는데 성책 위에 또 '독' 자가 있으면 오히려 '독' 자가 중복된다고 주장하였다. 또한 고과 뒤 이원정이 밖에서 들어왔을 때 이러한 답안의 적부에 대해 묻자 자신이 등제登第할 때도 이러한 형식이었다고 답변하였을 뿐이었으며, 또 다른 사람의 답안에도 이러한 형식이 있었으므로 의심할 일이 아니라고 변호하였다. 그러나 산당계 서인 대간들은 거듭 이 문제를 제기하면서, 이원정을 파직할 것과 이담명을 합격자 명단에서 빼 버릴 것을 주장하였다. 이에 대해 한당계 서인인 김석주는 조목별로 반박하면서 이원정과 이담명이 잘못이 없다고 변호하기도 하였다. 이 사건은 이 시기 송시열을 중심으로 서인 산당계가 세력을 확장해 가면서 영남 남인 출신의 고위 관료이자 서인 한당계와 가깝던 이원정의 실각을 목표한 것이었다. 과거시험에 대한 문제 제기는 현종이 근거 없는 말이라고 판정하면서 일단락되었다.

이담명은 시권 문제가 마무리되면서 1672년(현종 13) 10월 승정원가주서에 제수되었다. 이어 1673년(현종 14) 성균관학유, 성균관학록, 봉상시부봉사 등이 제수되고, 1674년(현종 15) 국장도감감조관, 성균관학정, 승정원가주서 등이 제수되었다. 1674년 8월 현종이 급서하고 숙종이 즉위한 후에는 승정원가주서가 되었다가 이듬해 1675년 4월 주서가 제수되었다.

당시 정국은 어린 숙종이 즉위한 후 영의정 허적이 정국을 장악하고서 남인이 집권하였는데, 허목, 윤휴를 수반으로 하는 청남과 허적, 권대운을 수반으로 하는 탁남으로 분기하였다. 이들은 송시열에 대한 처벌 문제에서도, 청남은 강경파, 탁남은 온건파의 입장을 보이기도 하였다. 이담명은 어느 쪽에도 속하지 않으려고 하였으나 학적·인적 연계망에 따라 청남에 가까웠다. 이 점은 모친상을 당해 고향에 내려가 있던 이원정도 마찬가지여서 서인 측에서는 이원정과 이담명을 윤휴와 허목의 성원으로 지목하였다. 게다가 1675년 발의되고 1677년(숙종 3) 본격적으로 개진된 송시열의 잘못을 종묘에 고묘해야 한다는 주장을 이담명은 부친과 함께 적극적으로 제시함으로써 송시열 문제의 처리에 강경한 입장을 견지하였다. 또한 1678년(숙종 4)에는 전리田里에 방환放還한 김수흥을 다시 서용하라는 명령에 적극적으로 반대하고 나섰으며, 송시열의 석방을 청하는 상소를 올린 최석정崔錫鼎

을 쫓아낼 것을 청하기도 하였다. 동생인 이한명李漢命도 1679년 송시열의 처단을 주장함으로써 형 이담명과 함께 서인과는 회복할 수 없는 관계로 돌입하였다.

이담명은 1675년 성균관박사, 병조좌랑이 제수되고, 또한 도당의 홍문록에 뽑혀 들어갔다. 11월에는 북평사와 정언에 제수되었으나 사직하였다. 1676년 이후에는 지평, 부수찬, 검토관, 헌납, 수찬, 이조좌랑, 1677년에는 수찬, 부교리, 교리, 사관인 지제교, 이조정랑, 의정부사인, 1678년에는 집의, 군자감정, 교리, 부응교, 동부승지, 1679년에는 판결사, 대사간, 우승지, 병조참의, 좌부승지 등의 중앙 관직을 역임하였다. 1679년 10월에는 홍주목사에 제수되었다.

1680년 경신환국으로 서인들이 집권하면서 부친이 유배를 가자 그해 여름 홍주목사직에서 물러나 유배 중인 부친을 모시기 위해 이산理山으로 갔다. 그러나 부친이 장하에 사망하자 피 묻은 옷을 10여 년 동안 입고서 설원하기를 염원하였다. 1681년(숙종 7) 숙종과 계비 인현왕후의 가례가 있은 후 사면의 은전으로 이담명을 서용하라는 명이 있었으나, 승정원에서 악역惡逆의 아들이라 받아들일 수 없다고 반대하면서 도로 명을 거두어들였다. 이담명은 동생과 함께 제천을 거쳐 영천(영주) 금강으로 이주하였다가 1683년 석전의 고향으로 돌아왔다. 이 시기는 별다른 활동 없이 고향에 머물러 있었다.

1689년(숙종 15) 2월에 정국이 다시 한번 요동치면서 기사환국이 일어나자, 이담명은 재입조하여 형조참의가 되었다. 이어 좌부승지, 전라도관찰사에 임명되었으나 사직하였으며, 대사간, 부제학, 예조참판, 도승지 등을 역임하였다. 1690년(숙종 16)에는 부제학, 도승지, 경상도관찰사, 1691년(숙종 17)에는 부제학, 대사헌, 대사성, 1692년(숙종 18)에는 대사헌, 부제학, 대사헌에 임명되었다.

이 시기는 이담명이 남인의 주론자로 활동하였던 시기였다. 이담명이 재입조한 기사환국은 예송논쟁으로 촉발된 서인과 남인계의 대립이 막바지에 이른 시기였다. 이담명은 환국으로 남인이 정권을 잡고 나서 가장 먼저 부친의 억울함을 상소하여 조목별로 반박하였는데, 숙종이 비답을 내려 위로하였다. 이후 이담명은 서인들을 치죄한 데 있어 적극적인 주론자 역할을 담당하였다.

남인에 대한 철저한 처벌을 이끌어 내었던 김수항과 송시열은 환국 이후 바로 처벌 대상이 되었다. 1689년 김수항은 진도로 유배되었다가, 예조판서 민암閔黯을 비롯한 6판서 · 참판 · 참의 등 남인 경재卿宰 수십 명이 유례없이 합동으로 올린 상소로 인해 사약을 내려 자진自盡케 하는 사사賜死의 명이 내려오자 윤3월 자진하였다. 송시열도 제주도로 유배되었다가 서울로 압송되던 중 즉각적인 처벌을 주장한 남인계 대신들의 주장에 의해 6월 정읍에서 사사되었다. 이 외에도 남인계 대간들은 서인(노론)에 대한 처벌 문제가 제기될 때마다 엄한 국문鞠問과 강한 조처를 요청하였으며, 서인 측에서는 이러한 강경한 언론 뒤에 이담명이 있을 것으로 보았다. 1689년 윤3월 송시열과 김수항의 처벌을 요청한 경재卿宰 합계 때 실록의 사평에는 "이담명은 아버지의 원수를 갚는다고 일컬으면서 군소배들을 종용하여 이 지경에 이르렀다"라고 적고 있다. 또한 1689년(숙종 15) 9월 경상도진사 이원백이 상소하여 민정중閔鼎重을 처벌할 것을 요청하였는데, 서인계는 실록의 사평에 "이원백은 이담명의 사주使嗾를 받은 자"라고 적어 놓았다.

게다가 이담명은 1689년(숙종 15) 10월과 1692년(숙종 18) 4월 송시열 사후 노론 정파를 실질적으로 이끌어 나간 민정중을 처형하도록 직접 청하기까지 하였다.

신의 상고가 일단 나간다면 사람들이 반드시 신더러 덮어놓고 혐오하는 사람이라고 할 것입니다. 그러나 예의가 어버이의 원수에 대해서는 한 하늘 아래에서 같이 살지 않는 법이고, 임금에게 무례한 짓을 하는 사람을 보면 매가 참새를 쫓아가듯이 하게 되는 법입니다. 대체로 민정중은 신臣 한 사람만의 사사로운 원수가 아니라 진실로 국가의 간사한 역적입니다. 사사로운 심정으로 헤아려 보거나 공론으로 따져 보거나 간에,

진실로 위로는 군부君父에게 고하고 아래로는 유사有司에게
말을 하여, 그의 죄상을 밝혀내어서 왕법王法을 바르게 해야
합니다. 이에 감히 번잡스러운 것에 대한 벌을 무릅쓰고 이렇
게 진달하게 된 것입니다.

『숙종실록』, 권24, 18년 4월 16일 을미

왕비의 부친인 민유중閔維重의 형이자 숙종의 처삼촌인 민정
중을 처형하도록 청하였기 때문에 후일 서인 노론계가 집권하였
을 때 이담명은 가장 먼저 처벌의 대상이 될 수밖에 없었다.

1690년 12월 경상감사 재직 시 조정에 품의稟議하지 않고 마
음대로 신역身役을 감면하여 준 것으로 인해 추고推考를 당한 이
후부터는 지속적으로 노모의 병과 자신의 병을 이유로 사직을 청
하였다. 1691년 9월 이후에는 고향으로 내려와 있으면서 관직이
내려와도 사직하고 취임하지 않았다. 1693년(숙종 19) 한성좌윤,
대사간, 부제학, 이조참판, 1694년(숙종 20) 예조참판 등이 제수되
었으나 대부분 사직소를 올렸다.

그런데 숙종은 장씨를 총애하여 희빈禧嬪으로 삼았으며 결
국 민씨를 쫓아내고 왕비에까지 책봉하였으나, 차츰 민씨를 폐한
일을 후회하기 시작하였다. 이러한 때 노론 김춘택金春澤과 소론
한중혁韓重爀 등이 민씨의 복위운동을 전개하자 집권파인 남인
강경론자였던 민암閔黯은 반대당을 제압할 목적으로 1694년(숙종

20) 3월 23일 한중혁韓重爀, 김춘택金春澤, 유복기, 유태기兪泰基 등을 체포하여 국문하였다. 그러자 숙종은 4월 1일 임금을 우롱하고 진신搢紳을 함부로 죽이려 들었다는 명목으로 오히려 국청에 참여한 대신 이하는 모두 삭탈관직하여 문외출송하고, 민암과 금부 당상은 유배를 보내는 동시에 민씨를 지지했던 소론의 남구만南九萬, 박세채朴世采, 윤지완尹趾完 등을 등용하였다.

정권이 남인에서 다시 서인으로 넘어가는 1694년의 정국 변화를 갑술환국이라고 한다. 숙종은 이전에 사사하였던 송시열宋時烈, 김수항金壽恒 등에게 다시 작위를 내렸다. 이 이후로 남인은 완전히 중앙정계에서 밀려나 한말에 이르기까지 정권을 회복하지 못하게 되었다. 그리고 노론老論과 소론少論의 다툼 속에 숙종 후기 이후 노론이 승리하면서 이후에는 노론정권이 이어지게 되었다.

1694년(숙종 20) 4월 서인계는 집권하자마자 이전에 있었던 여러 언론을 뒤에서 사주하였다는 죄목으로 남인의 주론자였던 이담명을 파직하기를 청하였다. 이에 이담명은 예조참판에서 파직되고 창성昌城으로 유배되었다가 1695년 다시 강진으로 이배되었다. 1697년(숙종 23) 숙종은 석방할 사람과 석방하지 못할 사람을 정하여 알리도록 명하였는데, 이때 이담명은 감등되어 남포藍浦로 이배되었다. 1699년 1월 세자의 홍역 회복을 기념하여 방환되었으며, 1701년(숙종 27) 사망하여 성주 다산茶山(다촌)에 장사

지냈다. 1706년(숙종 32)에는 직첩을 돌려받았다.

기사환국 이후 중앙정계에서 영남 남인을 대표하였고 갑술환국으로 함께 고초를 겪었던 숙종 후기 남인계의 대표적 관료이자 퇴계학의 정통을 이은 학자인 이현일李玄逸은 이담명의 죽음을 애도하면서 만사를 보내왔다.

난초 향기처럼 무성하고 맑은 지조,	馥郁芳蘭操
따뜻하고 순수한 옥 같은 자태,	溫淳美玉姿
고난의 세월을 얼마나 겪었던가.	艱虞幾經歷
그러나 그 처신에는 흠 하나 없네.	處理絶瑕疵
좋은 시대 와서 조정에 나아갔으나,	道泰彙征日
궁한 운수 만나 서로 만나지 못했네,	途窮契闊時
고향에 돌아오자마자 세상을 떠났으니,	歸來遽乘化
공사 인연을 생각하며 길게 통곡하네.	長慟爲公私

『갈암집』속집, 권1, 시, 「이이로에 대한 만사」(挽李耳老聃命)

정재定齋 류치명柳致明은 이담명의 묘갈명을 적으면서 이담명의 인품을 다음과 같이 평하였다.

우리나라에서 붕당의 화가 경신년에 특히 가혹하여 이조판서 귀암歸巖 이공이 잘못 얽혔는데, 오직 아들인 참판공參判公의 충성된 마음은 군주를 감동시키고, 효성된 마음은 신명에 통하였다. 대의로 복수를 펼침으로써 원수들에게 처벌을 내리게 하였다. 이미 처벌이 내리고 나서는 임금에게 아부하여 사적인 이익을 취하는 일이 없었으며, 비록 다시 저들의 칼날이 우리에게 미쳤으나 도리어 그 해침을 받지 않았으니, 가히 어질었다고 할 수 있다.…… 공은 젊어서 미수 허목 선생을 스승으로 섬겨 의義와 이利를 분변하여야 함을 들었으며 군주를 깨우치는 계옥啓沃을 논함에 있어서는 마음의 본원에 따랐다. 관직에 있을 때는 백성을 돌보아 근본을 튼튼히 하려고 하였으며, 화가 있었던 후에는 항상 스스로 검약하여 높은 수레를 타지 않았다. 제사 지내는 일과 대부인을 모시는 일에는 조심하여 법도가 있도록 하였으며, 숙모를 섬김에는 어머니를 섬기듯이 하였다. 종족 가운데 의탁할 데가 없는 이는 집에 온 것처럼 돌보았다. 서책에 눈을 두었을 때는 문장의 뜻에 천착하였으며, 자세하고 정밀하며 적절하게 판단함은 올린 글이나 서간에서 충분히 볼 수 있다.

『정재집』, 권27, 묘갈명,
「가의대부이조참판이공묘갈명 병서嘉義大夫吏曹參判李公墓碣
銘 幷序」

이담명 경상도관찰사 고신

2) 정재 이담명의 여훈

　1690년(숙종 16) 7월 이담명은 경상도관찰사로 도임하였다. 그가 도임하였을 때 경상도는 극심한 흉년으로 고통을 받고 있었다. 이로 인해 당시 영남 사람 대부분이 피해를 입어 구휼이 시급한 상황이었다. 당시 진휼을 위해서는 약 30만 석의 곡식이 필요하였으나 감영에서 조달할 수 있는 곡식은 절반에도 못 미쳐 약 20만 석의 곡식이 부족하였다. 당시 이담명은 조정에 사정을 진달하고 첫째, 강도곡江都穀 6만 석과 진휼청곡賑恤廳穀 4만 석을 영남으로 보내 줄 것, 둘째, 충주제창사창세곡忠州諸倉社倉稅穀과 양진창楊津倉의 진휼곡 수만 석을 영남으로 보내 줄 것, 셋째, 단양·청풍·괴산 등에 비축된 곡식을 영남으로 이송해 줄 것, 넷째, 영남에 소재한 각 궁방이나 아문의 염분鹽盆·어전漁箭 및 영덕의 채은採銀에서 나오는 세금을 진휼에 사용할 수 있도록 해 줄 것 등을 요청하였다. 당시 조정에서는 이러한 요청을 수용할 수 있는 여력이 없었다. 그래서 이담명은 우선 경기, 충청, 함경도 등 다른 지역에서 곡식을 빌려 와 백성들을 구휼하였다. 또한 조정의 허가를 받지 않고 각 읍의 신역과 전세 등 세금을 흉년의 피해 정도에 따라 임의로 감면해 주었다.

그런데 품주도 하지 않고 임의로 처분하였던 것을 중앙에서 문제 삼았다. 1690년(숙종 16) 12월 23일 좌의정 목내선睦來善은 경상감사 이담명이 마음대로 신역身役을 감면해 준 것을 지적하면서 심문하여 그 죄를 살필 것을 청하였다. 그러나 1691년(숙종 17) 이현일李玄逸은 상소를 올려 이담명의 행동은 진휼을 위해 한 불가피한 것이었음을 옹호하였다.

좨주祭酒 이현일李玄逸이 고향에서 상소하기를, "영남嶺南의 기근이 참혹한 것은 눈물을 흘릴 만하므로, 도신道臣 이담명李聃命이 곡식을 옮겨서 진구賑救할 것을 여러 번 청하고, 또 조치하는 데 급하여 편의대로 거둔 일이 있는데, 묘당廟堂에서는 품의稟議를 거치지 않았다 하여 문비問備 하기를 두 번 청하였습니다. 지금 의논하는 자는 경용經用이 모자라는 것을 염려하되, '백성이 풍족하면 임금이 누구와 더불어 부족不足하겠는가?'라고 한 뜻을 전혀 생각하지 않으니, 이렇게 하는 것이 옳다면 유약有若이 '왜 철법徹法을 행하지 않느냐'고 한 말이 과연 오활하고, 반드시 왕홍王鋐·진경陳京·양신긍楊愼矜의 무리와 같아야 나라에 충성한다고 말할 수 있을 것입니다. 대신大臣이 '대동수미大同收米를 원래대로 받아 두지 않고 뜻대로 대여하거나 받기를 바라는 사람에게 주게 한 것 따위는 가을이 되기를 기다려 독촉하여 받는다'는 뜻으로 탑전榻前에서 아뢰어 윤허받았습니다. 신臣의 생각으로는, 당초에 수령守令이 곧 거두어들이지 않은 폐단은 혹 죄줄 수 있다 하나, 이처럼 굶주려 죽고 매우 곤궁한 때에 갑자기 이런 청을 내는 것은 주자朱子의 '그때에 맞게 한다'는 뜻에 어긋나는 듯합니다"라고 하였다.

『숙종실록』, 권23, 17년 2월 10일 병인

이담명의 이러한 진휼활동으로 도민이 모두 흡족하게 은혜를 입었는데, 특히 흉년의 피해가 극심하였던 칠곡민들이 큰 혜택을 받게 되었다. 칠곡민들은 이담명의 어진 마음으로 인해 목숨을 건지게 된 것을 항상 감사하게 생각하다가 갑술환국으로 파직된 후 유배를 갔던 이담명이 1706년 직첩을 돌려받게 되자 본

격적으로 논의하기 시작하여 1708년(숙종 34) 10월 영세불망비를
대구 읍내동에 세워 그 위업을 칭송하였다. 비명은 고촌孤村 배정
휘裵正徽가 지었다.

　　공이 돌아가신 후에 여러 해 동안 칠곡 사람들이 공의 덕을 사
　　모하여 오래도록 잊지 못하였는데, 큰 덕을 보일 생각으로 공
　　덕을 찬양하는 큰 비를 길가에 세우기로 하고 마침내 서로 와
　　서 말하기를 "공의 혜택이 도민에게 흡족히 베풀어진 것은 참
　　으로 한두 가지가 아니지만 칠곡 한 읍을 보면 또한 더욱 특별
　　히 혜택을 입었습니다"라고 하였다. 칠곡읍은 궁협窮峽한 사
　　이에 끼어 있으며 성이 있음으로 인해 산의 벼랑과 골짜기가
　　높고도 좁으며 수리數里에 걸쳐 꼬불꼬불하여, 무거운 짐을 지
　　고 올라가려고 하면 마치 칼날을 딛는 것처럼 위험하였다. 군
　　량과 환곡으로 바치는 곡식 10분의 1을 취하면서 평지의 여러
　　고을과 똑같이 운반하여 바치게 할 때에 백성들의 울부짖는
　　소리가 너무 가여웠다. 이에 공이 널리 혜택을 주고자 걱정한
　　나머지 이를 폐하기에 이르렀고, 이것을 상께서 들으시고 면
　　하여 감해 주셨다. 백성들이 이에 신음소리가 노랫소리로 변
　　하게 되고, 걱정이 약이 되어서 편안하게 살 수 있게 되었다.
　　그러나 아직 기술한 것이 없어서 세상을 떠난 후 사모하는 정
　　성을 부치지 못하고 있지만 나로 말할 것 같으면 당시의 인물

이담명 유애비

유애비 표석

영세불망비(永世不忘碑)

이 碑는 경상도의 기민(飢民)을 진휼(賑恤)한 관찰사 이담명公(李聃命)의 덕업(德業)을 기리고 그 은덕을 영구적으로 잊지 말자는 뜻으로 도민들이 건립한 碑이다.

이담명公(1646~1701)의 호는 정재(靜齋)이며 본관은 광주(廣州)이다. 문익공 귀암 이원정(李元禎)의 장자로서 미수 허목 선생에 사사(師事)하시고 대과 후 도승지 대사성 경상도관찰사 이조참판을 역임하신 분으로 숙종 16년 1690년 7월에 경상도관찰사로 부임됐을 때 극심한 흉년이 들어있어 경기·충청·함경도에서 차곡(借穀)과 무곡(貿穀)을 하게하고 도내를 순시하면서 많은 기민을 구휼하는데 큰 공적을 남기셨다.

을 손꼽으라면 공이 당연히 첫째가 될 것이다.

『고촌집』, 권5, 묘갈명,

「영남관찰사이공유애비명嶺南觀察使李公遺愛碑銘」

비문의 끝에 수록된 명문에는 다음과 같이 적어 선생의 업적을 칭송하였다.

근본을 갖춰 좋게 쓰고, 덕을 쌓아 후히 쓰네. 생각건대 이공은 학문이 높고 절개를 잘 지켜 조정에서 벼슬하니 많은 무리 가운데 가장 뛰어나도다. 밖에 나가 정치 펴실 때 부모처럼 은혜를 베풀었으며, 나쁜 세상에 어진 정치 행하기가 마른 나무에 비 내린 듯하네. 내 늙은이 봉양하고 내 어린이 길러 내며, 소모된 것을 감해 주고 폐단들을 혁신했네. 덕 펴기를 두루하여 한 가지로 백을 증명하였으니, 우뚝하게 이 돌 세워 백성들의 마음 보이려 하네. 돌은 혹 깎일 수 있겠지만 생각이야 그치게 할 수 있겠는가.

『고촌집』, 권5, 묘갈명,

「영남관찰사이공유애비명嶺南觀察使李公遺愛碑銘」

대구의 도시 확장으로 인해 현재 이 비는 1973년 왜관의 애국동산(왜관읍 석전 4리)으로 옮겨졌다.

3) 정재 이담명 이후 광주이씨의 몰락

인조반정 이후 효종, 현종, 숙종 대로 이어지면서 중앙정계는 당쟁이 격화되었는데, 이 시기에 이도장, 이원정, 이담명은 중앙정계에 몸을 담고 있으면서 당쟁의 소용돌이 속에 들어가게 되었다. 특히 이원정과 이담명 부자를 거치면서 광주이씨 집안은 차츰 중앙정계에서 영남 남인을 대표하는 집안으로 성장하였다. 그러나 또한 격렬한 당쟁의 소용돌이 속에서 희생당함으로써 차츰 가문이 정치적으로 소외되는 결과를 맞이하게 되었다.

현종 후반기 정국에서 영남 남인계의 대표자로 등장한 이원정에 대해 서인계는 항상 예송의 배후에 이원정이 있었다고 여겼으며, 그 외 모든 남인계 상소에도 이원정이 관련되어 있었던 것으로 생각하였다. 또한 서인계는 1680년 경신환국으로 이원정이 장살된 뒤 이에 대한 복수심 때문에, 1689년 기사환국 이후 계속된 송시열, 김수항, 민정중의 처벌 상소 뒤에는 항상 이담명이 있었던 것으로 생각하였다.

이원정이 편찬한 『경산지京山誌』에 대해 1682년(숙종 8) 8월 경상도관찰사 이수언李秀彦은 이원정이 지지地誌를 핑계대어 이이李珥, 조헌趙憲, 윤두수尹斗壽, 정철鄭澈을 헐뜯었기 때문에 판본을 헐어버렸다고 보고하였고, 이에 한 부를 올리면서 조정의 관원들이 보는 곳에서 불태워 없애어 시비是非의 진실을 알게 해 달라고 요청하였다. 그러자 숙종은 이미 판본을 헐어버렸는데 굳이 태울 필요까지 있겠는가라는 의견에 따라 본도로 돌려보냈다.

현종 사후 1675년(숙종 1) 5월부터 편찬을 시작하여 1677년(숙종 3) 9월에 완성된 『현종실록』은 남인계 사관들이 여러 자료를 바탕으로 하여 현종 대의 일을 정리한 것이다. 다른 실록은 왕이 사망한 지 3달 즈음에 편찬을 시작하는 것이 일반적이나 『현종실록』의 경우에는 실록 편찬이 늦어졌다. 1674년 갑인예송에 따라 서인 세력들이 축출된 다음 달 현종이 급서함에 따라 그 뒤 잔존 서인의 처리와 송시열에 대한 처벌 문제로 실록 편찬의 시작이 상대적으로 늦어진 것이다. 1675년(숙종 1) 총재관 허적, 권대운 이하 남인 중심으로 실록청이 구성되어 1677년 9월 완성하였다.

『현종실록』이 주로 남인의 시각에서 편찬되었기 때문에 1680년(숙종 6) 경신환국 이후 정권을 장악한 서인은 그해 7월 『현종실록』에 대한 개수 문제를 들고 나왔다. 사실대로 기록하지 않은 점이 있고 너무 소략하다는 이유로 7월 29일 총재관 김수항 이하 서인을 중심으로 실록청을 개설하였다. 10월 숙종 비 인경왕후의 사망이 있어서 지체되었으나 1683년(숙종 9) 3월 『현종개수실록』을 완성하였다. 이에 따라 남인계 인물이나 이에 관련된 사건은 같은 사안임에도 불구하고 『현종실록』과는 다른 관점과 평가를 보이게 되었다. 『현종개수실록』에는 '사신왈' 이라는 사관의 사론을 별도로 넣었을 뿐만 아니라, 별도의 표시가 없이 서인계 사관의 사평이 수록되었다.

1667년(현종 8) 유학 황연黃㦙이 나라의 기강 확립에 대해 올린 상소에 대해, 『현종실록』과는 달리 『현종개수실록』에서는 황연의 배후에 이원정이 있었다는 별도로 추가된 서인계 사관의 사평을 가하였다.

> 황연은 영남 사람이다. 사람됨이 어리석고 글을 읽을 줄 모르는데 이원정과 친히 지냈다. 7명의 간신諫臣이 귀양 간 뒤로 이원정의 패거리가 상이 사류들의 의논을 싫어하는 것을 보고 사이를 벌려 놓고자 황연으로 하여금 소를 올리게 하여 헛소리를 꾸며 상이 놀라 동요하게 하였으나 다행히 상이 통촉하여 엄한 말로 기각하였다. 이 뒤로 사특한 의논이 벌떼처럼 시끄럽게 일어나게 된 것이 사실 여기에서 비롯된 것이다.
>
> 『현종개수실록』, 권16, 8년 2월 29일 갑술

당시 남인계의 정치 공세 배후에 이원정이 있었다는 이러한 비평은 『현종개수실록』의 다른 곳에서도 볼 수 있다. 1673년(현종 14) 신익상의 상소에 대한 서인계 사관의 사평에서도 이원정 등을 역모를 꾸민 괴수로 간주하였다.

현종은 성스러운 성품에 더욱 인자하여 요의 아들인 이정과 이남 등을 너그럽게 대하면서 효묘가 요를 대하던 것과 똑같이 하였다. 이에 이익만 좋아하고 염치는 모르는 사부士夫들이 모두 빌붙어 따랐는데, 상은 대체로 그런 사실을 알면서도 제대로 금하지 않았다. 그러다가 금상今上 초에 이르러 정과 남이 그들의 외삼촌 오정창吳挺昌 및 윤휴尹鑴·이원정李元楨 등과 함께 역모를 꾀하고 또 허적許積 부자와 서로 의기가 투합했는데, 한 나라의 절반을 나누어 먹을 때에 그들의 사인私人 아닌 자가 없었다.

『현종개수실록』, 권27, 14년 12월 18일 계축

이러한 사평들은 경신환국 이후 정권을 장악한 숙종 초기 서인계 사관들의 관점이 투영되어 나온 것이다. 따라서 이원정에 대해서는 당시의 실제적인 역할이나 활동에 비해 혹독할 정도로 비판의 강도가 높았다.

한편 숙종 사후 1720년(경종 즉위) 11월부터 편찬을 시작하여 1728년(영조 4) 11월에 완성된 『숙종실록』은 사관들이 숙종 대의 일을 정리한 것이다. 그런데 숙종의 다음 군주인 경종 대는 노론과 소론 사이의 환국이 있었으나 대체로 노론이 집권하였다. 숙종 대의 일을 정리한 『숙종실록』의 편찬관들은 대부분 노론계 신료들이었는데, 이에 따라 당연히 실려야 할 일이라도 서인(노론)에 불리할 경우에는 누락시켰으며, 고의로 왜곡시킨 기사도 적지 않다는 것이 이미 편찬 당시부터 지적되었다. 소론의 입장에서 빠졌거나 잘못된 부분에 대해서는 각 권의 말에 '보궐정오補闕正誤'를 만들어 보충하는 형식으로 실록을 수정하였다. 그러나 당시 정권에서 실각해 있었던 남인들은 이러한 편찬 사업에서 완전히 소외되었기 때문에, 숙종 대의 연이은 환국 과정에 대한 설명이나 사평에서 그들에게 불리한 내용이 수록될 수밖에 없었다. 이에 따라 서인의 대척점에 섰던 영남 남인의 이원정, 이담명 부자에 대한 『숙종실록』 편찬관의 사평은 매우 혹독하였다.

1675년 4월 이담명의 주서 임명기사에서 서인계 사관은 이원정과 이담명 부자에 대해 혹독한 인물평을 가하고 있다.

이담명李耼命을 주서注書로 삼았다. 이담명은 이원정의 아들이다. 이원정이 성주星州에 있을 적에 사람됨이 거칠고 음험하며 권모술수가 많았다. 벼슬이 있으면서 탐욕을 마음껏 부려 한 번 동래부사東萊府使가 되자 그 집이 드디어 큰 부자가 되었다. 스스로 재주와 말 잘함을 믿어 중하게 쓰이기를 바랐지만 시론時論에 용납되지 못하여 분한 마음을 쌓은 지가 오래 되었다. 이담명이 방榜에서 빠진 것 때문에 아버지와 아들이 서인西人을 원수처럼 미워하기를 더욱 심하게 하여 안으로 여러 복福과 연결하고 밖으로는 영남의 선비들을 사주하여 소疏를 올리게 하며 중간에서 허적許積 이하의 관원들을 지휘하였으니,

영남에서는 그를 변국제조變局提調라고 일컬었다.…… 그리하여 위세가 온 도에 행하여져서 먼 곳과 가까운 곳에서 올리는 소장疏章은 대개 그의 사주를 받았다. 이담명도 자못 슬기롭고 영리하여 그의 아비를 도와 모계謀計를 꾸미니 사람들이 정현鄭礥에 견주었다. 처음에는 가주서假注書가 되었으나, 물의가 이를 인정치 않았었다. 얼마 안 가서 세력을 이용하여 진주서眞注書가 되었다.

『숙종실록』, 권3, 1년 4월 25일 계축

게다가 1675년(숙종 1) 5월 모친상을 당한 의주부윤 이원록에 대해서도 비난을 가하고 있어, 『숙종실록』을 편찬하였던 서인계 사관이 광주이씨 집안에 가지고 있었던 적개심의 강도를 볼 수 있다.

의주부윤義州府尹 이원록李元祿은 이원정의 아우로 어리석고 외람되고 무식하였다. 죽을 나이에 임박한 병든 어미가 있었는데도 그가 의주부윤 되기를 구하였는데, 부임하기 전에 어미가 죽었다. 임금이 이원정을 보아서 의주부윤의 품계品階를 그대로 두었다. 대관臺官들이 그의 품계를 거두어들일 것을 청하였으나, 윤허하지 않았다.

『숙종실록』, 권3, 1년 5월 16일 갑술

1680년(숙종 6) 이원정이 곤장을 맞다가 죽었을 때에도 사류를 모함하는 일은 모두 이원정이 주장한 것으로 적고 있으며, 이러한 일이 여러 역적의 공초에 나오는데도 오히려 자복하지 않다가 죽었다고 설명하고 있다.

과거에 이원정은 오정일吳挺一의 형제·숙질과 친하였고, 이어서 이정李楨·이남李枏과 교제를 갖게 되어 그 심복心腹이라고 일컬었는데, 무릇 사류를 무함하는 모든 일은 이원정이 모두 몰래 주장하였다. 서로 교통하면서 모의하여 표리가 되어 서로 내응하였는데, 뜻을 얻게 되자 그 부자 형제가 권세 있는 요직들을 두루 차지하여 그 위세가 성하고 빛났으니, 모두 정과 남의 힘이었다. 흉악한 역당이 패망하게 되자, 이원정이 이조판서로서 맨 먼저 죄를 받아 귀양 갔었다. 허견·남枏의 사건이 발각되자, 그가 일찍이 체부를 다시 설치하는 일을 주장하였다고 하여 잡혔는데, 국청에서 반드시 흉모凶謀에 다 참여하였던 것은 아니라고 아뢰었기 때문에 배소配所로 돌려보냈던 것이다.…… 국청에서 명백한 증거는 없지만, 여러 역적의 공초供招에 긴요하게 나온다고 하여 형문刑問하기를 청하였다. 여러 차례 형신刑訊하였으나, 오히려 자복하지 아니하였다.

『숙종실록』, 권10, 6년 윤8월 21일 정미

1689년 기사환국으로 남인이 집권한 이후 1692년(숙종 24) 4월 대사헌으로 있던 이담명이 민정중의 죄는 송시열宋時烈보다도 더하고 김수항金壽恒, 김석주金錫冑보다도 넘치는데 오히려 살아 있다고 하면서 유배가 있던 민정중을 처형하자는 상소를 올렸다. 이에 대해 서인계 사관은 이담명의 상소에 대해 사사로운 원한 풀이로 간주하는 사평을 가하고 있다.

> 대개 이담명의 아비 이원정이 경신역옥庚申逆獄 때에 국문鞫問을 받다가 마침내 형장 밑에서 죽었었는데, 이때 민정중이 위관委官이었으니, 이담명이 원한을 품은 것은 당연하다. 그러나 감히 사사로운 원수의 보복을 말했으니, 그 또한 방자함이 심한 일이다.
>
> 『숙종실록』, 권24, 18년 4월 16일 을미

『현종개수실록』과 『숙종실록』 편찬자인 서인계 사관이 작성한 혹독한 사평의 표현에서 볼 수 있듯이 현종에서 숙종에 이르는 시기의 당쟁으로 인해 서인계와 영남 남인계의 이원정, 이담명 부자는 되돌아올 수 없는 강을 건넜으며 그 간극은 너무나 깊었다. 목숨을 담보한 싸움은 그러한 간극에서 나올 수밖에 없는 비극적인 결과였다.

대체로 영남 남인계는 정치적으로는 그다지 넓은 층을 형성하지 못하였기 때문에 대표적인 가문이나 인물은 시련이 더욱 혹독할 수밖에 없었다. 광주이씨 인물들이 상대적으로 세력이 약하였던 영남 남인계의 대표로 인조 대부터 본격적으로 중앙정계에 진출하여 숙종 대까지 격변하는 정국 속에서 관직생활을 이어왔기 때문에 서인계로부터 심한 탄압을 받을 수밖에 없었다. 게다가 남인계의 정치관은 군주 중심의 정치 운영을 정치의 이상으로 생각하는 입장을 주로 가지고 있었기 때문에 신하 중심의 정치 운영에 무게를 두고 있었던 서인계와 정치를 풀어 나가는 입장과 시각이 달랐으므로 이러한 인식의 차이가 실제 정국에 적용되어 격화되었을 때는 피비린내 나는 정쟁으로 나아가게 마련이었다. 광주이씨 귀암종가의 인물들은 정쟁의 한가운데 있으면서 상대적으로 열세인 영남 남인의 세력을 대표하였기 때문에 거듭되는 유배와 처벌의 아픔을 영남의 다른 가문보다 더 심하게 겪게 되었다.

이에 따라 이담명 사후 광주이씨 칠곡파는 폐족廢族으로 간주되어 후손들이 제대로 중앙정계에 진출하지 못하게 되었다. 후손들이 중앙정계에 나아갈 때는 이원정의 후손임이 항상 문제가 되었다. 이한명의 아들인 이달중과 이학중이 영조 대 중앙정계에 진출하여 임용될 때 출신 문제가 거론된 것도 그 한 예이다. 이달중李達中이 숭릉참봉으로 재직하던 1741년에 그가 이원정의 후예인 것을 거론하면서 삭탈하자는 상소가 올라오기도 하였다.

장령 박치문朴致文이 상소하여 대략 이르기를, "…… 숭릉참봉
崇陵參奉 이달중李達中은 본래 경신년의 여얼餘孼로서 사류士
類에게 버림받았으니, 관직을 삭탈하여 도태시켜야 합니다"
하니, 비답하기를, "…… 이달중은 그의 할아버지의 관직을 회
복시켰으니, 그 손자의 죄를 탕척하여 기용하는 것이 무슨 상
관있겠는가?" 라고 하였다.

『영조실록』, 권53, 17년 4월 29일 계해

또한 동생인 이학중李學中은 1743년(영조 19) 영릉참봉에 낙점
되었는데 이것이 문제가 되기도 하였다.

이조판서 정우량鄭羽良이 상소하였는데, 대략 이르기를, "이번
의 대정 때…… 영릉참봉英陵參奉으로 낙점된 이학중李學中은
바로 영남 사람으로 신은 고 참판 이원록李元祿의 손자로 알고
있었는데, 추후에 들건대, 이원정李元禎의 후손이며 상중喪中
에 있다고 합니다. 이는 경신년 이후에 폐족廢族이 되었으니
또한 천거에 넣을 수 없으며 더구나 상중에 있는 사람을 어리
석게 비의備擬하여 낙점落點을 받기에 이르렀습니다.…… 이
학중의 경우는 신이 그 근본과 유파流派를 잘못 듣고 의망하였
으니, 이에 대한 죄벌을 받음이 마땅합니다" 라고 하니, 비답하
기를, "잘못 알고 하였으니, 무슨 상관이 있겠는가? 막중한 총

재家宰의 자리를 비울 수 없으니, 사직하지 말라" 하였다.

『영조실록』, 권58, 19년 8월 28일 무인

이달중李達中(1697~1757)의 자는 화언和彥, 호는 원지헌遠志軒이다. 교리 이한명의 손자이며, 진사 이세원의 아들이다. 1729년 생원시에 입격하여 참봉에 임명되었다. 학식과 문장이 뛰어나 세상 사람들이 청화산인靑華山人이라고 하였다. 이학중李學中(1704~1755)의 자는 명숙明叔, 호는 동암同菴이다. 달중의 동생으로 덕행과 문장이 중씨와 더불어 뛰어난 것으로 일컬어졌다. 이들 형제는 경신환국이 일어난 지 반세기가 지났으나 여전히 출신이 문제가 되었다.

이러한 차별은 정조 대에도 이어지고 있다. 1790년(정조 14) 정조가 차대 후 문·무과에 합격한 자들을 소견하는 자리에서 언급된 묵헌 이만운을 그 사례로 들 수 있다. 이 자리에서 좌의정 채제공蔡濟恭은 다음과 같이 말하였다.

이만운은 과거에 합격한 지 벌써 14년이나 되지만 아직도 당후에 의망되지 못하고 있습니다. 이 사람은 숙종조의 대사헌 이원록李元祿의 후손입니다. 이원록은 판서 이원정과 형제 사이인데 이원정은 경신옥사에 관련되었고, 신미·임신년에는 이원정의 아들 이담명이 아비를 위하여 원수를 갚겠다는 말을 하였기 때문에, 연좌의 법이 이원록의 손자에까지 미쳐 과거에 합격한 뒤 지금까지도 벼슬길이 막혔던 것입니다. 그러나 이만운의 인품과 문예를 보면 참으로 아깝습니다.

『정조실록』, 권29, 14년 2월 26일 정축

1689년 기사환국으로 남인이 집권한 다음 이담명은 1691년(신미)과 1692년(임신)에 지속적으로 서인계 영수인 민정중의 처벌 문제를 제기함으로써 1680년의 경신환국으로 희생된 아버지 이원정의 원수를 사사로이 갚으려 한다는 비난을 서인 측으로부터 받았다. 1694년(숙종 20) 갑술환국으로 노론이 중앙정국을 이끌어 나가게 되었는데, 그 이후 광주이씨 자손들이 이에 연좌되어 벼슬길이 막혀 있음을 채제공이 지적한 것이다. 여기서 이만운을 박곡 이원록의 후손이라고 한 것은 채제공이 잘못 알고 말한 것이다.

이만운李萬運(1736~1820)의 자는 희원希元, 호는 묵헌默軒이다. 이원정의 5대손이며, 한명漢命─세원世瑗─윤중允中─동영東英의 가계를 이었다. 생원시를 거쳐 1777년 문과에 급제하였다. 그러나 문과 급제에도 불구하고 이원정 후손이라는 굴레 때문에 벼슬길이 막혀 있었다. 이만운은 뒤에 안의현감, 지평 등을 역임하였지만 관료생활은 그리 길지 못하였다. 그러나 이만운은 영남의 유종儒宗이라고 일컬어질 정도로 성리학뿐만 아니라 역학, 상수

학, 예학 등에까지 통달하였다. 특히 상수학과 역학에서는 퇴계
역학을 수용하였으며, 예설에서는 남인의 복제설에 바탕을 두고
자신의 견해를 제시하였다. 그리하여 이만운은 유림들의 공의에
의해 불천위로 모셔졌다. 유문을 모은 것으로 『묵헌집』이 있다.

　　이러한 예에서 보듯이 이원정의 후손들은 폐족으로 간주되
어 관직 취임이나 천거에 상당한 불이익이 있었음을 알 수 있다.
이담명 이후 광주이씨 인물 가운데 중앙 관직에서 크게 현달한
인물이 나오지 못한 것은 여기에 기인한다.

5. 귀암종가의 후예들

이대중李大中(1697~1754)은 정재 이담명의 손자이자, 이세침의 장자이다. 아들로 동양東陽과 동무東茂를 두었다. 부인은 횡성조씨로, 조영채趙英寀의 딸이다.

이동양李東陽(1723~1746)의 자는 유춘有春이다. 이대중의 장자이다. 석전에서 살았다. 뛰어난 재주를 가지고 있어 사람들이 크게 될 것으로 기대하였으나 24살의 나이로 일찍 사망하였다. 김세익金世翼은 제문에서 "행실이 순수하고 독실하며, 학식이 뛰어난 점에 있어서 이분과 같은 사람을 내가 아직 보지 못하였다"라고 적고 있다. 부인은 진주강씨로, 강필구姜必龜의 딸이다.

이태운李泰運(1744~1789)의 자는 내초來初, 호는 유건幼健이다.

문익공의 5대손이며, 이동양의 아들이다. 부인은 의성김씨로, 김익동金翼東의 딸이다. 유품으로는 1765년과 1768년의 호패가 남아 있다.

이이풍李以豊(1768~1827)의 자는 형백亨伯, 호는 구암九巖이다. 이태운의 아들이다. 부인은 의성김씨로, 김현운金顯運의 딸이다. 유품으로는 1803년 호패가 남아 있다. 유학에 힘썼으며, 천문과 주역 및 의약에 밝았다. 유문을 모은 것으로『구암집』2권 1책이 있다.

이조수李肇秀(1811~1884)의 자는 기언基彦, 호는 귀은龜隱이다. 주손 이풍의 동생인 이진以晉의 아들이었는데, 이풍에게 아들이 없자 후사로 들어왔다. 옛 이름은 조연肇淵이었으나 종가를 이으면서 조수로 개명하였다. 부인은 인동장씨로, 장석우張錫愚의 딸이다. 관직은 제용감봉사, 돈녕부도정 등을 역임하였다. 유품으로는 1867년 호패와 사복시첩이 있다. 집안의 내려온 범절을 잘 지키려고 하였으며, 저술로는 성리서에서 구절을 뽑아서 만든『성리초선性理抄選』이 있다.

이상석李相奭(1835~1921)의 자는 제여濟汝, 호는 농암聾巖이다. 귀암 이원정의 주손으로 몸가짐을 정결하게 하였으며, 학문과 행실이 순수하여 사림의 추숭을 받았다. 낙촌 이도장 이하 삼세의 존모지소인 동산재 창건을 주도하였으며, 선조의 유고도 정리하였다. 경술년 일제에 의한 국치일 이후에는 농암정사에서 두문

불출하면서 『위학요결爲學要訣』, 『사례의해四禮疑解』, 『정주차의程
朱箚疑』 등을 저술하였다. 유문으로는 『농암집聾巖集』이 있다. 부
인은 성산이씨로, 이정상李鼎相의 딸이고, 재취부인은 의성김씨
로, 김진범金振範의 딸이다. 한주寒洲 이진상李震相, 공산恭山 송준
필宋浚弼, 외암畏庵 이진화李鎭華, 민와敏窩 이기상李驥相, 유헌遊軒
장석룡張錫龍, 애산愛山 금해규琴海圭 등과 교유가 있었다.

6. 종가의 옛 문헌과 유물

　　원래 종가의 여러 유물들은 절도의 대상이 되기 때문에 보관
에 어려움이 많다. 1970년대부터 귀암종택 고문헌들의 가치가
알려지기 시작하였는데, 종손이 서울에서 사업하느라 10여 년 동
안 집을 비운 사이 농암정사의 뒷벽이 뚫리고 서책을 모두 도난
당한 적도 있었다. 당시 귀암종가의 서책은 대학 도서관에 흘러
들어가 보관 중이었는데 불행 중 다행으로 귀암종가의 서책임이
확인되어 모두 회수할 수 있었다. 광주이씨 집안은 4대 한림이
나왔을 정도로 가학이 이어졌으므로 많은 문헌을 소장하고 있는
데, 귀암의 종손 이필주는 일찍부터 이렇게 종가에 전해오는 자
료의 보존과 학문적 활용에 관심이 많았다. 도난당한 서책을 회

수한 사건 이후 종손은 영원히 보관할 수 없을 바에는 차라리 대학 도서관 같은 기관에 기증하여 보관토록 하는 것이 좋겠다고 생각하기에 이르렀다.

이에 종가에서 전해오던 문헌자료 가운데 각종 서책 및 이담명李聃命부터 이태운李泰運에 이르기까지 5세 100여 년에 걸친 추수기秋收記와 전답안田畓案 2,500여 권의 자료들을 당시 효성여대(현 대구가톨릭대학교) 도서관에 기증하여 보관토록 하였다. 대학은 이들 고서들을 '석전문고'라 이름하여 보관하고 있다. 이 중 1659년(효종 10)에 간행된 『용비어천가』와 1632년(인조 10)에 간행된 『두시언해杜詩諺解』, 1656년(효종 7)에 간행된 『사성통해四聲通解』, 1677년(숙종 3)에 간행된 『박통사언해朴通事諺解』 등의 언해 관련 자료는 한글 연구에 매우 중요한 가치를 지니고 있다. 그리고 18세기 초에 만든 필사본 「조선팔도지도」도 있다. 또한 논과 밭의 추수기는 동일 지면에 여러 개의 네모 칸을 작성한 다음 맨 위에 각 필지의 소재지와 면적 등을 기록하고 아래의 칸에는 해당 연도의 수취량과 작인명 등을 기록하였다. 추수기에 나오는 지역명을 보면 인근의 칠곡, 성주, 인동, 고령을 비롯하여 충청도와 영천, 영주 등지에 이르고 있다. 이들 자료는 종가형 집안의 경영 양상을 보여 준다는 점에서 일찍부터 학자들에게 주목을 받았다.

대구가톨릭대학교에 기증한 문헌 가운데 경신년의 옥사를

기록한 『경신록庚申錄』이 있다. 이는 숙종 대 남인 정치가였던 이관징李觀徵(1618~1695)이 추국 당상으로서 본 견문을 기록한 것으로, 대체로 남인의 입장에서 경신환국 이후의 동향을 기록하고 있다. 집안에서는 이 자료를 적어 놓으면서 이원정을 ㅇㅇㅇ으로 기휘하고 있다. 이관징은 예송에서 허목을 지지하였으며, 숙종 즉위 후 남인 집권기에 대사성, 대사헌 등을 역임하였다. 아들은 예조참판을 역임한 박천博泉 이옥李沃이며, 손자는 조선 후기 상주의 대표적인 성리학자인 식산息山 이만부李萬敷이다. 한국학중앙연구원 등 여러 도서관에 서인의 관점에서 쓴 『경신일록庚申日錄』이 소장되어 있어, 같은 경신환국 시기의 사안에 대한 상반된 입장을 볼 수 있다.

한편 종손은 2002년과 2003년에 걸쳐 남아 있는 일부 서책과 종가에서 전해오는 유물 및 교지 등의 고문서류를 주로 서울역사박물관에 기증하였다. 귀암 이원정이 오늘날 서울시장에 해당하는 한성판윤을 역임하였기 때문에 서울역사박물관에서 자료를 요청하였을 때 이도장, 이원정, 이담명 3대의 교지 300여 장을 비롯하여 고문서류 3,000여 점을 기증하였다. 이 가운데 종가의 입장에서 조상의 이력을 의미하는 교지는 무엇보다 중요하다. 이도장—이원정—이담명 3대의 교지류는 잘 보존되어 있다. 그리고 이담명이 경상도관찰사로 재임하였을 때 문서들을 기록한 『영영장계등록嶺營狀啓謄錄』은 경상도관찰사의 운영에 관한 중요한 자료로 평가된다. 이 외에 이담명이 1672년(현종 13)에서 1675년(숙종 1) 사이에 승정원 주서와 기사관으로 역임 시 국왕을 수행하면서 기록한 총 161책의 『승정원사초』는 『승정원일기』와 의 비교를 통해 『승정원일기』의 기록 과정을 볼 수 있는 중요한 자료로 평가된다. 특히 이 시기에는 효종비 인선왕후의 사망, 인 조 자의대비의 복제 논란, 남인의 정치적 집권, 현종의 사망, 숙 종의 즉위, 송시열의 유배 등이 이어지는 정치적 격변기였다. 사 초이기 때문에 평가적 측면이 크게 드러나지 않지만 남인 이담명 이 정리한 당시의 사건 전개과정과 중앙정계의 움직임을 엿볼 수 있다는 점에서 의의가 있다.

서울역사박물관에는 『외임록』, 『천감록』, 『경신일록』 등 광주이씨 집안의 정치적 행방과 관련된 자료가 다수 소장되어 있다.

1670년(현종 11) 이담명이 과거시험에 합격하였으나 아버지 이원정이 시관으로 있으면서 답지의 양식을 틀리게 사용한 답안 지를 통과시켜 합격하게 해 주었다는 시비가 있었다. 이에 이원 정은 이 사건이 일어난 1670년부터 현종에 의해 논란이 끝난 1671년까지의, 당시의 정황과 자신의 입장을 기술한 『외임록畏壬 錄』을 저술하였다. 외임이라는 말은 간사한 자들이 터무니없이 모함하는 것을 만방에 전해 두려워하도록 한다는 뜻의 말이다. 이원정은 이러한 시비는 정치적 목표를 가지고 자신을 공격하기 위한 수단으로 제기되었다고 생각하여, 이 책에 사건에 대한 세밀한 경과과정을 정리해 두었다.

1712년(숙종 38) 이원정의 손자인 이세원李世瑗은 조부의 신원을 위해 몰래 대궐에 들어가 차비문差備門 밖에서 격쟁을 하였으며, 결국 조부의 신원을 받아 내었다. 『천감록天鑑錄』은 이 사건에 관련된 1712~1713년의 관련 자료들을 날짜순으로 정리한 것이다. 이세원이 형조에 잡혀가서 낸 공사供辭에는 조부가 도체찰사부의 폐지와 복구를 말한 것에 대해 당시 역적이었던 허견과는 서로 관계함이 없이 오로지 직책에 따라 말한 것에 불과하였음을 주장하고 있다.

그 외에 이담명과 관련된 기록으로, 1680년 8월 이원정이 유배지에서 소환되어 국청에서 사망한 이후 1690년 기사환국을 지나 1691년 9월에 이르기까지 주위에서 있었던 일을 기록한 『정재일기靜齋日記』가 남아 있다. 이 일기는 성복 후 부친의 시신을 서울에서 돌밭을 거쳐 운구할 때의 망극한 슬픔에서부터 경상감사로 도임할 때의 기쁨까지 이담명이 겪었던 개인적인 심사를 엿볼 수 있는 자료이다.

서울역사박물관에는 이 외에도 귀암 이원정의 갓 위에 단 옥로와 옥관자 등의 유품, 집안에서 내려오던 호패류 등과 이도장·이원정·이담명 3대의 문집목판 499점, 종가에서 사용하던 공예품 등 30여 점이 기증되어 있다.

한편 박곡 이원록 후손들이 소장하던 고문서 1,044점은 한국학중앙연구원에 기탁되었다. 고서와 문서에는 전대로부터 내려오던 자료도 있지만 이동유의 7세손 이만환李萬煥(1911~1968) 대에 수집된 자료도 많다. 주목되는 자료로는 이도장李道長이 승정원의 가주서와 주서로 재임할 때 쓴 일기를 후손이 정서한 『승정원일기承政院日記』가 있다. 1630년 9월의 일부 기록과 1636년 12월부터 1637년 1월까지의 기록이 4책으로 남아 있었는데, 최근 한국학중앙연구원에서 영인하였다. 이 자료는 현재 남아 있는 『승정원일기』와의 비교를 통해 누락된 내용을 보충해 볼 수 있다는 점, 승정원 관리들의 사초 정리와 간행까지의 과정을 살펴볼 수 있다는 점에서 사료적 가치가 크다. 이 자료가 집안에 남게 된 것은 이도장이 인조를 호종하여 남한산성에 들어갔을 때 사심 없이 군주를 모시려 하였던 행적을 보여 주려는 후손들의 의지가 크게 작용한 것으로 보인다. 한국학중앙연구원에서는 광주이씨의 고문서 자료를 종합 정리하여 간행하려는 계획을 세우고 두 기관의 협조를 얻어 고문서를 집성하는 사업을 시작하였다. 사업의 결과 『고문서집성 92 — 칠곡 석전 광주이씨편(1)』이 간행되었다.

그 외 이윤우李潤雨에서부터 이도장李道長, 이원정李元禎, 이이풍李以豊, 이조수李肇秀, 이상석李相奭에 이르기까지 문집의 정고필사본定稿筆寫本이 계명대학교에 수집되어 있다. 계명대학교에는 그 외에도 광주이씨 집안의 가장家狀, 비명碑銘, 만록漫錄류의 원고본도 수집되어 있다.

이와 같이 광주이씨 관련 자료는 대구가톨릭대학교, 서울역사박물관, 한국학중앙연구원 등에 나누어 보관되어 있다. 최근 인터넷 사용이 활발해지면서 대구가톨릭대학교 석전문고의 고문헌 자료는 국사편찬위원회 전자사료관을 통해 볼 수 있게 되었다. 한국학중앙연구원의 자료는 한국학자료센터 한국고문서자료관에서 볼 수 있게 되었다. 서울역사박물관의 자료는 별도로 공개하고 있지는 않으나 기존에 발간한 광주이씨 관련 도서류는 인터넷으로 볼 수 있도록 해 두고 있다.

제3장 귀암종가의 제례

1. 광리 시조묘 제례

광주이씨 후손들은 매년 영천시 북안면 도유리 나현마을에 있는 시조묘에서 제례를 지낸다. 광주이씨의 시조 이당의 제례이기 때문에, 전국에 있는 광주이씨 후손들이 모두 모인다. 시조묘가 있는 이곳은 조선 8대 명당지로 알려져 있어, 후손들은 광주이씨 일문이 번성하게 된 것을 이 음택의 가호로 여긴다.

나현마을 초입 오른쪽에 펼쳐져 있는 시조묘의 뒤쪽과 동쪽 입구 쪽에는 별도의 조그마한 봉분이 있다. 이와 관련하여 광주이씨 시조인 이당의 묘가 이곳에 자리 잡게 된 데에는 대종보에 전하는 일화가 있다.

이당李唐은 고려 말 광주 고을의 아전으로 있었다. 그 고을 원님이 낮잠을 자다가 꿈에서 누런 용이 나무에 앉아 있는 것을 보았는데 깨어 보니 아전인 당이 나뭇가지에 다리를 걸치고 자고 있었다. 이에 원님은 자신의 딸과 혼사를 맺도록 하였다. 이들 부부는 아들 다섯 형제를 두었는데, 그 가운데 둘째가 둔촌遁村 이집李集이었다. 광주이씨 이집과 영천최씨永川崔氏 최원도崔元道는 친구였는데 신돈이 득세하자 경상도 영천에 내려가 살았다. 둔촌동에 있던 이집은 세상이 어지러워지자 화가 미칠 것을 염려하여 아버지를 업고서 영천의 천곡 최원도를 찾아갔다. 최원도는 이집 선생 부자를 자신의 집 다락방에서 4년 동안이나 숨겨 주었다. 최원도는 가족에게도 이 사실을 비밀로 하였는데, 하루는 몸종이 이를 발견하고 최원도의 부인에게 고하여 부인도 알게 되었다. 이에 최원도는 부인과 몸종에게 이 사실을 발설하지 않도록 주의를 주었다. 자신의 목격으로 주인집이 멸문을 당할 지경에 이른 것을 안 몸종 '제비'는 아예 스스로 자결하는 길을 택하였다. 이에 최원도 부부는 제비를 마을의 솔밭 사이에 묻어 주었는데 나중에 묘비에 '연아燕娥묘'라고 새겨 주었다. 지금도 양쪽 집안의 묘제 때 간단히 연아의 묘에도 제사를 지내 준다. 몸종이 자결한 후 이집의 아버지 이당이 최원도의 집에서 돌아가시자 최원도는 자신의 어머니 묘인 영천이씨의 묘 부근에 장사를 지내 주었다.

이에 지금도 시조묘 바로 위쪽에 영천이씨의 묘가 위치해 있게 된 것이다.

둔촌 이집과 천곡 최원도 두 분의 우의와 목숨을 끊으면서까지 주인을 보호해 주려고 하였던 제비의 충절은 이 땅에 아름다운 이야기를 남기게 되었다.

이곳에서는 음력 10월 2일에 제사를 지낸다. 시조묘의 제례는 강신례, 참신례, 초헌례, 아헌례, 종헌례, 수조례, 사신례의 순으로 진행된다. 강신례降神禮는 조상신을 모시는 예로, 초헌관이 분향하여 혼을 하늘로부터 인도한다. 참신례參神禮는 조상신을 맞이하는 예로, 헌관 이하 자리한 참여자들이 모두 신을 맞이하는 절을 두 번 한다. 초헌례初獻禮는 처음 잔을 올리는 예로, 초헌관의 주도하에 술을 올리고 이어 육적肉炙을 올린다. 아헌례亞獻禮는 두 번째 잔을 올리는 예로, 술을 올리고 이어 어적魚炙을 올린다. 종헌례終獻禮는 마지막 잔을 올리는 예로, 종헌관이 술을 올리고 이어 치적雉炙을 올린다. 이어 진다進茶와 점다點茶를 한다. 수조례受胙禮는 음복하는 예로, 초헌관이 제주를 받아 마시고 치적을 맛본다. 사신례辭神禮는 조상신을 보내는 예로, 헌관 이하 모든 참여자가 조상신을 보내는 절을 두 번 한다.

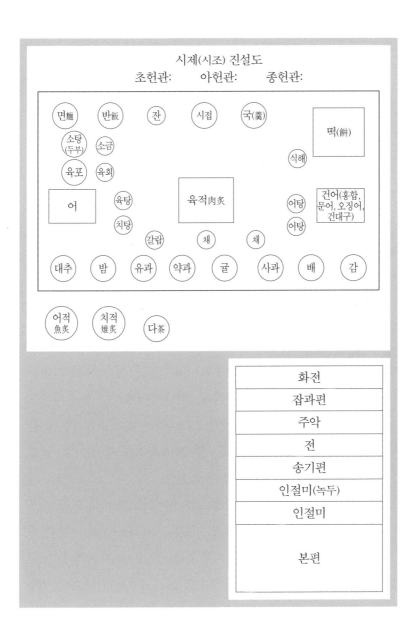

시제(시조) 진설도
초헌관: 아헌관: 종헌관:

면麵 반飯 잔 시접 국(羹) 떡(餠)

소탕(두부) 소금

육포 육회 식해

어 육탕 육적肉炙 어탕 건어(홍합, 문어, 오징어, 건대구)

치탕 어탕

갈랍 채 채

대추 밤 유과 약과 귤 사과 배 감

어적魚炙 치적雉炙 다茶

| 화전 |
| 잡과편 |
| 주악 |
| 전 |
| 송기편 |
| 인절미(녹두) |
| 인절미 |
| 본편 |

2. 불천위 제례

불천위는 나라에 큰 공훈을 남길 경우 4대봉사가 끝나도 해당 신주를 체천遞遷하거나 매주埋主하지 않고 계속 제사 지내는 것으로, 부조위不祧位라고도 한다. 영남지역에서는 종손이라고 할 때 불천위를 모시는 종가에만 종손이라는 명칭을 부여하고 불천위가 없는 소종가의 경우에는 주손胄孫이라고 할 정도로, 불천위 종가와 다른 종가에 차이를 두고 있다.

귀암 이원정은 사후 영의정으로 추존되고 또한 문익공文翼公 시호를 받았으므로 불천위제를 지낸다. 이 집안에는 이원정의 차자인 이한명의 5대손 묵헌 이만운을 모시는 불천위제가 더 있다. 이원정의 아들인 정재 이담명도 불천위제를 지냈으나 부자 불천위제에 따른 부담과 가난한 선비 집안의 경제적 어려움 때문에 이담명의 불천위제는 유림에 고하여 폐하고 현재는 귀암 이원정의 불천위제만 지낸다. 경제적으로 어려울 때는 많은 참례자에게 모두 음식을 제공할 수 없어 음복을 국수로 지내기도 했다.

귀암 이원정의 제일은 음력 8월 21일이며, 배위 벽진이씨의 제일은 음력 1월 23일로, 단설로 모신다. 제사 시간은 제관의 귀가 시간 등을 고려하여 오후 8시경에 지내는 것으로 바꾸었다. 제례는 양위 모두 귀암종택의 정침에서 모신다. 불천위 제례를 총괄하는 이는 종손인 이필주와 석전 종중이다. 과거에는 종가와 종손이 제사를 주관하였으나 종가만 모든 제례 경비를 부담하는 것은 현실적으로 어려움이 많아 석전 종중이 나서서 종가를 경제적으로 지원하고 종가는 이를 바탕으로 제수를 마련하여 제례를 진행한다.

이 집안에서는 진설할 때 단설로 한다. 우리나라 특히 영남 지방에서는 기제사 때 두 분 가운데 한 분만을 모시기에는 마음에 불편한 부분이 있어서 통상은 두 분의 위패를 모시고 제사를 지내는 것이 일반적이나 이 종가에서는 단설을 행한다. 단설은 『주자가례』의 기일례에 따른 것이다. 제를 앞두고 부정한 일이 있어 종손이 제례를 주재하기 어려울 때는 차종손이나 종장이 축없이 단헌으로 간략히 제례를 지낸다.

제기는 선대부터 사용하던 것을 사용하고 있으며, 제청에는

불천위 제례 분향

병풍, 교의, 고족상, 향상, 향로, 향합, 축판, 모사기, 퇴주기, 척기 등을 배설한다. 제관들의 복장은 도포와 갓이 기본이지만 요즘 은 갓 대신 유건을 쓴다. 그러나 종손은 갓과 도포를 갖추어 입는 다. 집사자들은 도포와 유건을 쓴다. 종가에서는 도포와 유건을 준비하여 미처 갖추지 못한 이들이 사용할 수 있도록 한다. 제관 들이 시도기를 작성하고, 이어 집사분정기를 마련한다.

　　제수 마련에 특별하게 금기하는 것은 없으며, 일반 기제사처 럼 자극적인 양념은 사용하지 않는다. 제주는 예전에는 집에서 담근 가양주를 썼으나, 지금은 백련을 이용한 전통주를 쓴다. 제 물은 메와 갱을 비롯하여 과일, 나물, 탕, 적, 포, 해, 면, 병, 자반

불천위 제사 진설도

초헌관: 이필주(종손) 아헌관: 종헌관:

| 두부(소탕) | 면(麵) | 밥(飯) | 잔 | 시접 | 식염 | 국(羹) |

육포		육탕		어탕		편청	건어
		육적肉炙				
대추		치탕		어탕			감

| 밤 | | 갈랍 | 침채 | 산채 | 식해 | 배 |

| 땅콩 | 호도 | 약과 | 다식 | 포도 | 참외 | 사과 | 귤 |

| 떡(餠) | 치적雉炙 | 어적魚炙 | 숙수熟水 |

떡(餠)	육적	어적
경단	바리산적	문어
주악	서래(소고기)	상어
잡과편	갈랍	조기
전		
송편	수육(소머리)	어전(동태전)
증편(기지떡)		산적(느림이)
본편	산적	채적

※ 과일은 제상이 적은 관계로 제1열뿐만 아니라 좌우측 열에도 진설하였는데, 조율이시棗栗梨柿를 기본으로 잡과류를 올려놓는다. 공간이 부족하여 맨 처음에 놓는 대추와 밤은 좌측에 올리고, 마지막 배와 감은 우측에 올려놓는다. 그리고 땅콩, 호두를 비롯하여 사과, 귤은 앞쪽 열에 올려놓는다.

※ 어적 중에서 아랫부분의 채적, 산적, 어전 등은 정식 진설물은 아니고, 문서, 상어, 조기를 괴기 위해 부가한 것이다.

등을 갖춘다. 과일은 조율이시의 순으로 짝수로 진설한다. 나물은 침채, 숙채, 생채 3종을 사용하되 5색을 구비한다. 좌포우해에 따라 좌측에 포를 두고 오른쪽에 식해食醢를 쓴다. 불천위에서는 기제사의 건어포 자리에 육포를 놓고 건어포는 오른쪽으로 옮겨 놓는다. 도적은 육적을 쓰고, 가적으로 계적, 어적을 올린다. 떡은 아래로부터 쌓아 올린다. 불천위 제사에서는 특별하게 소머리 편육을 올린다. 편육은 도적의 맨 아래에 넣는다.

불천위 제례의 절차는 다음과 같이 진행된다.

1) 진설: 제청에 병풍을 배치한 다음 병풍 앞에 교의를 놓고, 그 앞에 제상을 놓는다. 제상에는 제구를 갖추어 놓고 제상 앞에는 향안을 놓는다. 향안에는 향로와 향합을 둔다. 향안의 왼쪽에는 축판을 두고 그 위에 축문을 올려 둔다. 제구의 배설이 끝나면 제수를 제상에 올린다. 1차 진설에는 술과 과일과 포를 올린다. 과일은 12과를 쓰는데 제1열에 배치한다. 순서는 조율이시棗栗梨柿의 순으로 왼쪽 끝에는 대추와 밤의 순으로, 오른쪽 끝에는 배와 감의 순으로 둔다. 나머지 과일은 사이에 두는데, 조과나 유과는 왼쪽, 시절과는 오른쪽에 둔다. 제2열에는 포와 해, 나물을 올린다. 좌포우해左脯右醢의 순서에 따라 왼쪽에는 포, 오른쪽에는 해를 올리며, 가운데에는 나물을 올린다. 제3열에는 탕을 배치하는데 오른쪽에 어탕 2종, 왼쪽에 육탕과 치탕을 올린다. 향상香床

옆에 술을 배설한다.

2) 출주례: 사당에서 신주를 모셔 온다. 봉촉집사, 봉주집사, 주인, 축관의 순으로 선다. 사당에서 집사자가 사당 문을 열고 전원이 재배를 한다. 집사자는 감실을 열고, 주인은 신위 앞으로 나아가 무릎을 꿇고 분향한다. 이어 축관은 주인의 왼쪽에 나아가 신주를 모셔 나간다는 출주고사문을 읽는다.

출주고사문

今以

顯十三代祖考 贈大匡輔國崇祿大夫議政府領議政 兼領經筵弘文
館藝文館春秋館觀象監事行崇政大夫吏曹判書兼判義禁府事
知經筵事弘文館提學同知春秋館成均館事五衛都摠府都摠管
贈諡文翼公府君 遠諱之辰 敢請
神主 出就廳事 恭伸追慕

지금 현 13대조고 증대광보국숭록대부의정부영의정겸영경연홍문관예문관춘추관관상감사행숭정대부이조판서겸판의금부사지경연사홍문관제학동지춘추관성균관사오위도총부도총관증시문익공부군의 기일에 감히 청하온대 신주를 청사로 모셔 삼가 추모하는 마음을 펴고자 합니다.

이어 봉주집사가 신주를 모시고 나온다. 봉주집사는 중문으로 나오고, 나머지 주인과 집사자는 다시 동문으로 나온다. 봉촉집사가 인도하면서 나오는데 참사자들은 신주가 나오는 길의 좌우에 도열하여 국궁한다. 신주를 교의交椅 위에 안치하고 이어서 신주독의 뚜껑을 연다.

3) 참신례: 참사자 전원이 재배한다. 참신의 절차를 집행하는 것은 사당에서 이미 배례를 했기 때문에 바로 참신하는 것이 맞다고 생각하기 때문이다. 다만 지방으로 모실 때는 분향강신 후에 참신례를 행하고 신주로 모실 때는 바로 참신례를 올린다.

4) 강신례: 주인이 향안 앞으로 나아가 무릎을 꿇고 향을 피워 조상의 혼魂을 불러온다. 강신용 잔에 강신주를 채운 다음 모사기에 부어 백魄을 불러온다. 주인은 재배한다.

　○ 진찬: 이어 나머지 제수를 올린다. 밥과 국을 올리고, 이어
　　　　면과 떡을 올린다.

5) 초헌례: 첫 번째 잔을 올리는 순서이다. 순서는 헌작獻爵, 진적進炙, 독축讀祝, 재배再拜의 순이다.

① 헌작: 초헌관(주인)이 향안 앞으로 나아가 무릎을 꿇으면, 집사자가 제상 위의 반잔盤盞을 내려 주인에게 건넨다. 오른쪽에 서 있던 집사자가 술을 따르면, 주인은 술잔을 올리기 위해 술잔을 조금 높힌 다음 다시 내려 왼쪽에 선 집사에게 주어 신위 앞에 올린다.

② 진적: 진설이 메그릇 덮개를 열고 미리 준비해 둔 육적을 적이 놓이는 자리에 올린다.

③ 독축: 흠향하시기를 권하는 축문을 읽는다. 축문은 사전에 적어서 축판에 올려놓는다. 축관이 주인의 왼쪽에 나아가 동쪽을 향해 앉아 축문을 읽는 동안 헌관은 부복하고, 나머지 참사자들은 국궁鞠躬한다.

축문

維歲次某年某月某朔某日某支 十三代孫 弼柱 敢昭告于

顯十三代祖考 贈大匡輔國崇祿大夫議政府領議政 兼領經筵弘文
館藝文館春秋館觀象監事行崇政大夫吏曹判書兼判義禁府事
知經筵事弘文館提學同知春秋館成均館事五衛都摠府都摠管
贈諡文翼公府君 歲序遷易 諱日復臨 追遠感時 不勝永慕 謹以
淸酌庶羞 祗薦歲事 尙

饗

유세차 모년 모월 모삭 모일 간지에 13대손 필주가 감히 현13대
조고 증대광보국숭록대부의정부영의정겸영경연홍문관예문관
춘추관관상감사행숭정대부이조판서겸판의금부사지경연사홍
문관제학동지춘추관성균관사오위도총부도총관증시문익공부
군께 삼가 아룁니다. 해가 바뀌어서 돌아가신 날이 다시 돌아오
니 시간이 지날수록 느꺼워 길이 사모하는 마음을 이길 수가 없
습니다. 삼가 맑은 술과 여러 가지 음식으로 공경히 세사를 올리
오니, 부디 흠향하시옵소서.

　④ 재배: 독축을 마치면 주인은 일어나 재배 후 자리로 돌아
　　　　간다. 집사자가 술잔을 비우고 씻은 다음 신주 앞에
　　　　모신다.

　6) 아헌례: 아헌관이 제상 앞으로 나가 무릎을 꿇으면 좌집
사가 잔을 내어와 헌관에게 건넨다. 초헌 때와 마찬가지로 우집
사가 술을 따르면, 헌관은 술을 받아 좌집사에게 건네 신위 앞에
올린다. 이때 헌관은 머리를 숙이고 엎드린다. 이어 집사가 초헌
때 올린 육적을 내려 제상의 밑에 두고서, 치적雉炙을 올린다. 이
어서 아헌관이 일어나 재배 후 제자리로 물러나면 아헌례가 끝난
다. 집사자는 잔을 비우고 신주 앞에 모신다. 아헌관의 경우 문중
회장이 주로 담당하나 혹 집안 후손 가운데 임관하거나 임명되어

영광스러운 자리에 오른 경우 조상에게 고한다는 의미에서 아헌
관이 되어 예를 행한다.

　7) 종헌례: 종헌관이 제상 앞으로 나가 무릎을 꿇으면 좌집
사가 잔을 내어와 헌관에게 건넨다. 우집사가 술을 따르면, 헌관
은 모사기에 술을 조금 덜어 내는 제주除酒를 한 다음 좌집사에게
건네 신위 앞에 올린다. 이때 헌관은 머리를 숙이고 엎드린다. 이
어 집사가 아헌 때 올린 치적을 내리고, 어적魚炙을 올린다. 이어
서 종헌관이 일어나 재배 후 제자리로 물러나면 종헌례가 끝난
다. 종헌관의 경우 가능하면 일가 후손이 아닌 외손이나 친구, 자

불천위 제례-진설

손, 사위 등이 담당한다. 제주를 하는 것은 이 제사를 모시기 전에 산소에 가서 예를 드려야 하는데 그렇게 하지 못하여, 먼저 반잔을 드려 이에 가름하고 이어 잔을 올리는 예를 드린다는 의미이다.

8) 유식례: 초헌·아헌·종헌의 헌작 절차가 끝나면 유식侑食을 진행한다. 유식은 신이 식사를 하시도록 배려하는 의식이다. 종헌관이 물러나면 주인이 다시 향안 앞으로 나아간다. 먼저 주인이 강신 때 사용한 잔에 술을 받아서 직접 제상으로 나아가 술을 더하여 첨작을 한다. 이는 식사를 권하는 의미가 있다. 그

리고 진설이 시접에 준비해 놓았던 숟가락을 메에 꽂고 젓가락을 시접 위에 가지런히 올려놓는다. 이어 주인과 축관이 제상 앞에 나가 신위를 향해 재배한다. 축관과 주인이 함께하는 예를 협배라 하는데, 귀암고택에서는 축관도 주인과 함께 제상 앞으로 나아가 주인은 서쪽, 축관은 동쪽에 서서 신위를 향해 함께 재배한다.

○ 합문: 신이 식사를 하는 동안 참사자들은 그 자리를 피한다. 병풍으로 제상을 완전히 가리고 부복하여 대기한다.

9) 사신례: 종손의 종숙이 아홉 숟가락 뜰 정도의 구식경九食頃이 지나면 기침소리인 희흠噫歆을 세 번 낸다. 귀암종가에서는 특이하게도 제관 모두가 함께 희흠을 한다. 이어 집사자가 병풍을 다시 연다.

○ 진다: 식사를 마치면 진설이 갱기를 제상 아래에 내리고, 끓인 물을 담은 물그릇을 올린다. 이어 주인이 숟가락으로 밥을 풀어서 숭늉의 형식을 취한 후 숟가락을 숭늉에 놓는다. 그리고 진설이 메그릇의 덮개를 덮은 다음 숭늉을 드실 시간 동안 국궁하였다가 집

불천위 제례-삽시정저

례가 신호를 보내면 평신한다. 축관이 제상 앞으로
나아가 수저를 시접에 내려놓는다.

그리고 주인은 동쪽에 서서 서쪽을 향해 서고, 축관은 서쪽
에 서서 동쪽을 향해 선다. 이어 축관이 읍을 하고 제례를 마쳤다
는 의미로 '이성利成'이라고 한다. 다음 참사자 전원이 신위를 향
하여 재배한다. 이어 봉주집사는 신주독을 닫고, 집사자는 잔을
물리고 수저를 내려놓는다. 축관은 축문을 태운다. 봉주집사는
신주를 받들어 사당으로 향한다. 이때도 봉촉집사와 봉주집사가
앞장을 서면 주인 이하 모두 그 뒤를 따른다. 참사자들은 사당 앞

까지 배웅한다. 봉주집사가 중문으로 신주를 안치할 때, 주인과
집사자는 동문으로 들어가 안치되는 것을 확인한다. 모두 제청
으로 돌아와 음복한다.

文翼公先祖不遷祭享時 笏記 石田宗宅

行出主禮

執事者開廟門 ○ 主人以下序立于廟庭 ○ 皆再拜 ○ 主人詣
神位前跪 ○ 焚香 ○ 祝詣主人左告辭 ○ 奉主奉神主出 ○
奉燭執燭前導廳事 ○ 主人以下皆從奉 ○ 神主置安于交椅
上 ○ 啓櫝 ○ 主人以下序立 ○ 在位者皆參神再拜

行降神禮

主人詣香案前跪 ○ 主人焚香降神 ○ 俛伏興 ○ 少退再拜
○ 陳設進飯進羹進麵進餅

行初獻禮

主人升詣香案前跪 ○ 左執事以爵授主人 ○ 主人執爵 ○
右執事斟酒 ○ 主人以爵授左執事 ○ 左執事奠于神位前 ○
陳設啓飯蓋進肉炙 ○ 祝就主人之左東向跪 ○ 讀祝文 ○
主人俛伏興 ○ 少退再拜 ○ 降復位 ○ 左執事退酒洗爵

行亞獻禮

獻官升詣香案前跪 ○ 左執事以爵授獻官 ○ 獻官執爵 ○
右執事斟酒 ○ 獻官以爵授左執事 ○ 左執事奠于神位前 ○

獻官俛伏 ○ 陳設退肉炙進雉炙 ○ 獻官興少退再拜 ○ 降
復位 ○ 左執事退酒洗爵

行終獻禮
獻官升詣香案前跪 ○ 左執事以爵授獻官 ○ 獻官執爵 ○
右執事斟酒 ○ 獻官少除于茅上授左執事 ○ 左執事奠于神
位前 ○ 獻官俛伏 ○ 陳設退雉炙進魚炙 ○ 獻官興少退再
拜 ○ 降復位

行侑食禮
主人詣神位前添爵 ○ 陳設插匙整箸 ○ 主人與祝俱詣香案
前 ○ 主西祝東合再拜 ○ 皆降伏位 ○ 執事者闔門 ○ 主人
以下俛伏如食頃

行辭神禮
祝進三噫歆興 ○ 執事者啓門 ○ 陳設退羹進熟水 ○ 主人以
匙置熟水 ○ 陳設闔飯蓋 ○ 在位者皆鞠躬肅矣 ○ 祝撤匙
○ 主人立於東階上西向 ○ 祝入於西階上東向揖告利成 ○
皆降復位 ○ 在位者皆再拜辭神 ○ 奉主闔櫝 ○ 執事者退
爵落匙箸 ○ 祝焚祝文 ○ 奉主奉神主入廟 ○ 奉燭執燭前導
○ 主人以下皆從 ○ 撤饌禮畢

3. 귀암 묘제

　　귀암 이원정의 후손들은 매년 영천시 대창면 신광리에서 음
력 10월 3일 묘제를 지낸다. 종손을 비롯한 후손들은 묘소 앞 재
실인 경모재에서 하루 전날 모여 재계를 하며, 묘제일에는 종인
들과 산에 올라가 제사를 지낸다. 종손은 비록 교통이 편리해진
요즘이지만 그래도 옛 절차를 생각하여 하루 전날 와서 종인들과
묵은 다음 묘제를 지내곤 한다. 묘제일 오전에 거행되는 제사에
는 50~60명 정도가 참여한다.

　　제사의 순서는 강신례, 초헌례, 아헌례, 종헌례, 사신례를 진
행하되 예필 다음 별도의 산신제를 지낸다. 산신제는 선영이 있는
산신에게 조상의 분묘를 잘 지켜 주어서 고맙다는 의미로 지낸다.

묘제의 진설은 다음과 같다.

시제(문익공) 진설도
초헌관: 이필주(종손) 아헌관: 종헌관:

화전	
주악	
인절미(녹두)	
인절미	
절편(쑥)	
절편	
본편	

떡(餠)

〈종손 계보도〉

李元禎 ——— 李聃命 ——— 李世琛 ——— 李大中 ——— 李東陽 ———
(1622~1680)　(1646~1701)　(1671~1731)　(1697~1754)　(1723~1746)
配 李彦英 女　配 李碩揆 女　配 張萬元 女　配 趙英宷 女　配 姜必龜 女
　　　　　　　　　　　　　朴　愉 女
　　　　　　　　　　　　　趙世瑗 女

——————— 李泰運 ——— 李以豊 ——— 李肇秀 ——— 李相奭 ———
(1744~1789)　(1768~1827)　(1811~1884)　(1835~1921)
配 金翼東 女　配 金顯運 女　配 張錫愚 女　配 李鼎相 女
　　　　　　　　　　　　　　　　　　　　金振範 女

——————— 李啓煥 ——— 李壽曄 ——— 李夏鎭 ——— 李澤龍 ———
(1853~1922)　(1875~1932)　(1900~1950)　(1920~1959)
配 鄭五錫 女　配 辛沐鎬 女　配 安鍾尙 女　配 金昌禧 女

——————— 李弼柱
(1943~)
配 李愚植 女

158

4. 종손의 사대봉사

조상의 신주나 영정을 모셔 두고 배향하는 곳을 가묘家廟라고 하는데, 조선의 사대부가에서는 조상의 신위를 모시는 사당과 묘소 주위에 제사를 봉행할 장소로 재각齋閣을 두었다. 귀암종가에서는 불천위 외에 4대의 신주를 모시고 제례를 행하였다. 이는 주자朱子의 『가례家禮』에 따른 것으로, 사당에는 4대의 신주를 일렬로 열향列享하고 있다. 현재 사당에는 이계환, 이수엽, 이하진, 이택용의 신주를 모시고 있으며, 종손 이필주가 4대봉사를 지내고 있다.

종손으로부터 4대조인 이계환李啓煥(1853~1922)의 자는 명부明夫이고, 호는 회석晦石이며, 또 다른 이름은 양환亮煥이다. 부인은

종손의 사대조 신주

청주정씨로, 정오석鄭五錫의 딸이다. 아들로 수엽壽曄과 수근壽根을 두었다. 회당晦堂 장석영張錫英, 극암克菴 이기윤李基允, 함재緘齋 정은석鄭恩錫, 성헌省軒 이병희李炳憙, 운정芸亭 이원식李元栻, 성와惺窩 이기형李基馨, 공산恭山 송준필宋浚弼, 과재果齋 류도승柳道昇, 가산可山 장상의張相毅 등과 교유가 있었다.

　　종손의 증조할아버지인 이수엽李壽曄(1875~1932)의 자는 경만景萬, 호는 만취晩翠이다. 부인은 영산신씨로, 신목호辛沐鎬의 딸이다. 아들로 하진夏鎭과 상진商鎭을 두었다. 회천晦川 송홍래宋鴻來, 공산恭山 송준필宋浚弼, 품산品山 이탁영李鐸英, 양암陽庵 이규순李奎淳, 백괴百愧 우하구禹夏九, 일헌一軒 이규형李圭衡, 제서濟西 이정기

李貞基, 성와悝窩 이기형李基馨 등과 교유가 있었다.

종손의 할아버지인 이하진李夏鎭(1900~1950)의 자는 시중時重이며, 호는 수암豎巖이다. 또 다른 이름은 성진聖鎭이다. 부인은 광주안씨로, 안종설安鍾卨의 딸이다. 아들로 택용澤龍, 택붕澤鵬, 택린澤麟을 두었다.

종손의 부친인 이택용李澤龍(1920~1959)의 자는 백견伯見이다. 부친은 종손이 어릴 때 돌아가셔서 아득한 기억으로 남아 있다. 부친은 붓글씨를 잘 쓰셔서 경찰서장, 군수, 역장들이 와서 글씨를 청하였던 것이 기억으로 남아 있다. 부친에 대한 추억으로 종손이 전하기를, 초등학교 고학년 때 부친으로부터 크게 야단맞은 일이 있었다. 종손은 대나무를 깎아서 낚싯대를 만들어 하루 종일 낚시를 하였다가 호되게 야단을 맞았다. 종손은 자기 나이에 하면 안 되는 것과 한가하게 낚시나 하는 것은 나이에 맞지 않다는 것을 느꼈다고 한다. 일찍 부친이 돌아가셨기 때문에 오히려 이러한 추억이 더 새롭게 다가온다고 말하면서 잠시 미소를 지었다. 종손의 모친인 의성김씨는 팔오헌八吾軒 김성구金聲九의 후손으로, 김창희金昌禧의 딸이다. 봉화 해저의 남호구택이 종손에게 외갓집이 된다.

귀암종가의 기제사 진설은 다른 집안과 비교하여 특이한 것이 없다. 다만 불천위 제례에 비한다면 육포를 생략하고 대신 건어포를 놓는다. 탕도 불천위의 4탕을 줄여 2탕을 쓴다.

기제사 진설도

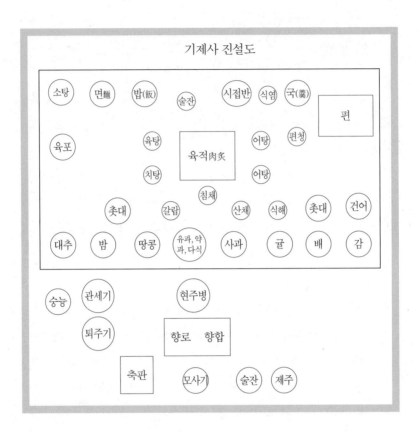

소탕	면麵	밥(飯)	술잔		시접반	식염	국(羹)		편

육포 · 육탕 · 육적肉炙 · 어탕 · 편청 · 치탕 · 어탕 · 침채 · 촛대 · 갈랍 · 산채 · 식해 · 촛대 · 건어 · 대추 · 밤 · 땅콩 · 유과,약과,다식 · 사과 · 귤 · 배 · 감

숭늉 · 관세기 · 현주병 · 퇴주기 · 향로 향합 · 축판 · 모사기 · 술잔 · 제주

제4장 귀암종가의 건축

1. 귀암종택

　　칠곡 석전리(돌밭마을)의 귀암 이원정 종택에 들어가는 입구
는 종가의 위엄을 느끼기에는 낯설다. 왜냐하면 종가로 들어가
는 길옆으로 미군 부대가 있어 높은 시멘트 담장이 위압스럽게
자리 잡고 있기 때문이다. 종가를 둘러싸고 있는 크고 작은 아파
트와 빌라는 종가가 그 자리에 있는지를 의심케 할 정도이다.

　　이곳이 종가로 들어가는 길임을 알려 주는 것은 입구에 놓여
있는 큰 돌이다. 돌밭의 명성답게 큰 돌에는 전서체로 귀암고택
이라고 새겨져 있다. 한말 대표적인 서예가인 오세창吳世昌이 쓴
글씨이다. 소로를 따라 들어가면 종택에 다다른다. 대문 옆에는
철 지지대를 세워 둘 정도로 쇠락한 모습을 보여 주어 쳐다보는

廣州李氏 文翼公

石田宅

돌밭(石田, 귀바우)

귀암고택 표석

귀암종가 입구

귀암종택 향나무

것이 민망할 정도이다.

그러나 대문을 지나 종택에 들어서면 그제야 고집스럽게 전통을 지켜 온 종가의 모습을 한눈에 볼 수 있다. 대문에서 보면 바로 큰사랑채와 작은사랑채가 보인다. 사랑채 앞에는 오래된 종가의 면모를 보여 주는 나무들이 보호수로 지정되어 위용을 자랑하고 있다. 사랑채 뒤에는 안채가 있다. 안채와 사랑채는 1930년대에 건축된 것으로 전하고 있다. 종택은 대문채, 사랑채와 종사랑채, 정침과 별채, 사당 등으로 구성되어 있어 옛 종가의 모습을 그대로 보여 주고 있으나 문화재로는 지정되어 있지 않다.

종택에는 350여 년을 지켜온 회화나무, 향나무, 배롱나무 세 그루의 고목이 있다. 이들 나무들은 선비 집안을 상징한다. 문과에 급제한 인물이 있는 종가에는 주로 회화나무를 두고 있는데 이는 왕이 내린 어사화를 상징한다. 종택의 사당 앞에는 회화나무가 세월을 이겨내고서 굳건한 자태로 서 있다. 정원에는 선비의 향기로운 인품을 의미하는 향나무와 선비의 절의와 단심을 의미하는 배롱나무(백일홍)가 배치되어 있다. 이원정이 살림집을 지으면서 심은 것으로 알려진 향나무는 용이 승천하는 모양으로 옆으로 누워 자라났다. 이 향나무는 농암정사 앞을 가로 막아 농암이 일제강점기에 일제의 흉측한 짓거리를 보고 듣지 않으려는 뜻을 지켜 주었다.

방형으로 토석담을 두른 귀암종택은 ㄱ자형의 안채와 일자

귀암고택 사랑채 안

귀암고택 사랑채 외부

귀암종택 사당 입구

귀암종택 사당

형 사랑채, 그리고 중문간채가 있으며 그 아래로 문간채가 구성되어 있다. 고택의 서편에는 작은댁이 있고, 그 뒤 사당이 있으며, 서편에는 농암정사가 위치한다.

귀암종택 안채 뒤에는 사당이 있다. 사당은 통상의 종가와는 달리 귀암종택의 북서편에 별도로 담을 쌓아 남향으로 자리 잡고 있다. 사당의 정문에는 창수문彰壽門이라는 편액을 달았다. 정면 3칸, 측면 1칸의 맞배집 구조를 가지고 있으며, 숭문묘崇文廟라는 편액을 달고 있다. 사당에는 불천위 귀암 이원정의 신주를 비롯하여 현 종손인 이필주의 4대조 신주가 모셔져 있다. 귀암 이원정은 유림의 중의로 불천위로 모시게 되었다. 사당의 정확한 건립 연대는 알 수 없으나 귀암 사후부터 사당에 모셨다면 17세기 말 18세기 초엽부터 마련되었을 것으로 보인다. 그 후 중수를 하였다.

농암정사는 귀암종택의 일부를 이루고 있는데, 농암聾巖 이상석李相奭(1835~1921)이 1910년 일제의 강점이 시작되면서 상투를 자르라는 등의 갖가지 협박을 당하자 일본에 의해 선비의 지조를 잃어버릴 것을 염려하여 귀머거리처럼 행세하며 은둔하면서 이곳에 별서를 지어 후학을 양성하는 강학소로 활용하였다. 1917년에 상량하였다. 농암정사는 일자형 건물로, ㄱ자형의 두 칸 방과 ㄴ자형의 두 칸 마루가 똑같은 면적으로 마주 보며 태극형을 나타내고 있다. 좌측에 전·후 통칸의 대청 1칸을 배치하였고,

농암정사

가운데는 마루와 온돌방을 각 1칸씩 배치하였으며, 우측에는
전·후 통칸의 온돌방 1칸을 배치한 편당형片堂形 건물이다. 정면
상부에는 '농암정사聾巖精舍'라는 현판이 걸려 있다.

2. 동산재

　　동산재는 석전리 동쪽 산록의 이암 동산에 마련한 삼대의 재사를 통칭하는 이름으로 문화재 제503호로 지정되어 있다. 동산재는 칠곡의 대표적인 고건축물로, 삼대의 재사가 일곽一廓을 이루고 있으며, 건물은 품品자형으로 배치되어 있다. 무실문懋實門 현판이 새겨진 대문 안으로 들어서면 중앙 상단에 낙촌정, 우측에는 경암재, 좌측에는 소암재, 그리고 소암재 뒤에는 별묘가 모셔져 있다. 동산재의 담 밖에는 채제공蔡濟恭(1811~1884)이 짓고, 귀암 이원정의 7대손인 이조수李肇秀(1811~1884)가 글씨를 쓴 문익공 이원정의 신도비가 있다. 이 신도비는 마을 입구에 있었는데, 1950년 미군 부대가 주위에 들어서면서 현재의 위치로 옮겼다. 대문 앞에는 연못과 이곳만큼이나 연륜을 가지고 있는 돌배나무가 자리를 지키고 있다.

낙촌정洛村亭은 1913년 낙촌 이도장의 덕행을 기리기 위해 세운 재사이다. 낙촌정이 세워진 후에 이 재사는 어린아이들이 경학을 강하고 시문을 낭송하는 강학소로도 활용되었다. 낙촌정은 정면 4칸, 측면 2칸의 홑처마 팔작집이다.

경암재景巖齋는 1903년 귀암 이원정의 유덕을 기리기 위해 세운 재사이다. 재사의 이름은 귀암을 경모하는 뜻을 담았다. 경암재는 좌측 2칸의 온돌방과 우측 2칸의 마루를 대칭되게 배열하고 전면 전체에 툇간을 둔 좌실우당형 구조이다.

소암재紹巖齋는 정재 이담명을 봉향하기 위한 재사齋숨이며, 재사 뒤에는 별묘別廟가 있다. 정재가 사망한 후인 약 250여 년 전에 건립된 것으로 추정하고 있다. 재사의 이름은 귀암의 덕업을 이었다는 뜻을 담아 소암재라 지었다. 소암재 뒤 별묘는 정재 이담명을 불천위로 모실 때 사용하였던 사당으로, 불천위를 지내지 않게 되면서 비어 있다. 소암재의 본채는 정면 4칸, 측면 1칸 규모이며, 2칸 대청을 중심으로 양측에 방 1칸씩을 둔 전형적인 중당협실형 구조이다.

동산재가 자리한 이곳은 이담명의 불천위를 모시던 사당에서 유래한다. 사당 건립 당시 별묘와 함께 재실인 소암재를 만들었으며, 그 뒤 1903년 경암재, 1913년 낙촌정이 건립되면서 현재의 모습을 갖추게 되었다.

東山齋

동산재 현판

무실문

동산재 외부 전경

이원정 신도비

낙촌정 현판

낙촌정

경암재 현판

경암재

소암재 현판

소암재

소암재 뒤 별묘

3. 묵헌종택

묵헌종택은 귀암 이원정李元禎의 차자인 이한명李漢命(1651~1687)이 건립한 전통 한옥이다. 대문채를 들어서면 一자형의 사랑채와 冂자형의 안채가 ㅁ자형의 배치를 이루고 있다. 원래 대문채와 방앗간채가 있었으나 현재는 대문채만 복원되었다. 대문채는 정면 3칸, 측면 1칸의 맞배지붕으로 되어 있다. 맞배지붕은 옆면에서 보면 '사람 인人' 자 모양을 하고 있다. 사랑채는 지형 관계로 기단을 높게 쌓았으며, 자연석의 덤벙주초 위에 기둥을 세웠다. 맞배지붕 아래에 정면 10칸이 연접되어 있는데, 별도의 중문을 두지 않고 우측에는 큰사랑, 좌측에는 작은사랑을 배치한 특이한 형태를 하고 있다. 큰사랑 앞에는 쪽마루를 두었다. 안채

묵헌종택

묵헌사당

는 나지막한 기단 위에 조성하였는데, 안방과 대청을 정면에 두고 좌우에 방을 회첨會檐시켜 ⌐자형을 이루도록 하였다. 사랑채 뒤에는 불천위인 묵헌默軒 이만운李萬運(1736~1820)의 위패를 모신 사당이 있다. 사당은 막돌기단 위에 조성하였는데 정면 3칸, 측면 1칸의 맞배지붕으로 되어 있다. 정면 중앙의 어칸에는 쌍여닫이널문을, 양측칸에는 외여닫이널문을 달았다.

제5장 **종가의 일상과 바람**

1. 종손의 삶

　　광주이씨 칠곡파에서는 석담 이윤우, 귀암 이원정, 박곡 이
원록, 묵헌 이만운을 불천위로 모시고 있다. 귀암 이원정의 아드
님인 정재 이담명도 불천위로 모셨던 적이 있다. 불천위 제례를
지내는 것은 오롯이 종손의 책무가 되었다. 귀암 이원정의 주손
인 이필주李弼柱(1943~)는 귀암 이원정의 13대 종손이다. 종손은
왜관순심학교를 마친 후 어린 나이에 대구로 나가 공부를 시작
하여 대륜고등학교와 청구대학 법학과를 졸업하였다. 청구대학
은 후에 대구대학과 통합하여 영남대학교가 되었다. 군대는
ROTC 장교로 복무하였다. 제대할 즈음 김신조의 청와대 습격
사건으로 인해 몇 개월 더 복무하다가 중위로 제대하였다. 제대

종손 이필주

후에는 영남대 교무처장을 하던 심재완 박사가 종손의 앞일을 걱정하여 영남대학교의 교련 담당으로 근무할 수 있도록 배려해 주었다.

월급은 적지 않았으나 고등학교 시절 부친께서 돌아가셨기 때문에 4남 1녀의 장남으로서 동생들을 공부시키는 데 모자람이 많았다. 당시 동생들이 모두 대구 대명동에 내려와 자취를 하고 있었는데 월사금조차 제대로 낼 수가 없어서 장사를 시작하였다. 처음에는 대구에서 하다가 서울로 옮겼으나 크게 재미를 보지 못하였다. 종손 체면으로는 못할 일이었지만 동생들 교육 때문에 어쩔 수 없었다고 한다. 바로 밑의 동생은 교대를 나와 교직에 들어가서 교장으로서 퇴직하여 현재는 김천에서 거주한다. 다른 동생들도 모두 대학 교육을 마쳤으며, 여동생도 대학을 나와 교직에 들어가 중등학교 교장으로 있다.

종손은 동생들을 거두어 공부를 시킬 장손으로서의 책임의식과 이에 따른 희생, 그리고 종손으로서의 운명과 우리가 잘 알 수 없는 종손으로서의 어려움을 솔직하게 웃으면서 말씀하셨다.

> 형인 내가 제일 못한 것이지요. 결국 따지면요. 아무 대책도 없고, 되는 것도 없고요. 결국 그것이 무엇인가 하면 사람이 홀가분하게 자기 혼자 살면 된다고 하면 제일 편할 수 있는데, 동생들이 많고 책임감이 붙고 내가 반드시 해야 할 일이라고 하는 부담이 되어 버리면 방향 설정도 힘들고, 무리하게 하게 되는 부분이 인생에서 꼭 나옵니다. 그래서 절대 종손은 종손 형제 여럿이 있는 거는 환영 안 해요. 왜냐하면 홀가분해야지 자기 할 일 하면서 종중 일도 맡아 할 수 있는 것이지요. 동생들 여럿 있고 재산 없으면 본인 자체가 힘이 빠진다는 것이지. 그게 가장 큰 문제입니다. 나는 크게 뭐 펼치고 하는 그런 스타일도 아니고, 그럴 능력도 없는 사람입니다. 그러나 나는 한 가지 종손으로서 든든한 거는 그래도 종중이라는 게 있으니까 집에 와서 있으면 마음이 편합니다. 의지할 데도 있고 이렇게 하다

보니 그게 하나 좋은 것이기도 합니다.

종손은 광주이씨 귀암종가가 다른 종가와는 달리 남인의 정치적 대변자 역할을 하였던 분을 불천위로 모시고 있는 것에 대해 은연중에 자부심을 보였다.

내가 제일 느끼는 것은 불천위로 모셔진 분의 정신이 어떠하였는가 그것이 굉장히 중요하다고 생각합니다. 불천위로 모셔진 분이 그냥 학자로 있다가 이름 날리고 불천위 반열에 들어간 집들은 그리 애착 갈 것도 없고 자손들의 입장에서는 우리 집은 양반 집안이구나 요런 정도로 끝나는 것입니다. 하지만 우리 집 같은 경우 그런 것이 아닙니다. 지손들 생각이 굉장히 긍지를 모두 가지고 있습니다. 서인의 대척점에서 남인으로서 크게 그래 하시다가 개인의 어떤 사리사욕 때문에 돌아가신 게 아니고, 남인의 것을 대변하시다가 돌아가신 분이다고 하는 데에 대한 자긍심을 모두 가지고 있거든요. 또 한 가지는 종손인 저보다도 지손들이 더 걱정이 많습니다. 종사에 대한 것이라든가 종손에 대한 것이든가, 종가에 대한 것이든가, 이런 걱정이요. 지손들이 본심으로 가지고 있는 게 종손보다 신경을 더 많이 씁니다. 그걸 내가 보고 아 역시 같은 불천위라도 불천위 되신 분의 불천위 된 사유, 거기에 대한 것에 따라서 지손들이나 종손의 마음가짐이라든지 이게 많이 다를 수 있다고 생각합니다. 그래서 모 교수라, 한 분 내가 존경하는 분이 한 분 있는데, 그래서 우리 집 얘기를 하면서 이 집 자손들은 그렇게 될 수밖에 없는 집이라 이 얘기를 하십니다.

종손으로서의 삶은 조심하고 조심할 뿐이었다. 만약 조금이라도 잘못된 행동을 할 경우에는 종인이나 다른 성씨로부터 지탄의 대상이 될 것이기 때문에 오로지 조심할 뿐이었다. 종손은 종가의 각종 제사를 주재하면서 품위와 위엄을 보여 주고 있다. 최근에는 대구경북의 불천위를 모시는 종가의 종손 모임인 영종회에 출입하면서 종가의 유풍을 지키고 있다.

종손은 31살에 종부와 결혼하여 1남 1녀를 두었는데, 차종손은 그나마 공인회계사의 전문직에 종사하고 있기 때문에 다음 대의 종손으로서의 역할을 하는 데 조금이라도 자유스러울 것이라는 점에 위안을 삼고 있다.

2. 종부의 삶

　　종부 이영진李英珍은 본관이 벽진이다. 종부의 부친은 이우
식李愚植으로 대법관을 역임하였다. 광주이씨는 석전과 성주, 인
동 일원에 있던 벽진이씨와 대대로 혼맥을 이어 왔다. 이원정의
장인인 완석정 이언영의 후손들은 근거지를 석전에서 명곡檜谷
(홈실)으로 재입향하여 터를 잡았다. 완석정 계열은 이후 학문과
사환이 끊이지 않았다. 최근에 이르러서는 법무부장관을 역임한
우익愚益과 대법관을 지낸 우식愚植 형제도 완석정의 후손이므로
이미 집안에서는 잘 아는 사이였다. 종부는 26살에 시집을 와서
혼자되신 지 오래된 시어머니를 모시고 종부로서의 삶을 시작하
였다.

종부 이영진

　시집올 때 친정 부모님이 종부께 하신 말씀은 "아무 소리 말
고 살아라"라는 것이었다. 그래서 종부는 시집을 와서 친정 부모
님께 누를 끼치지 않으려고 애를 많이 썼다. 남한테 안 좋은 행동
은 보이지 않으려고 노력하였다. 시어머니께서 하라는 대로 시
키는 대로 하면서 살다 보니 지금에 이르렀다. 사실 종부로서의
삶은 쉽지 않아서, 귀암종가에서도 종부들이 수를 오래 누리지
못하였다. 종부의 시어머니도 68세에 돌아가셨다. 종손은 종부
들이 수를 오래 하지 못한 것은 제사를 새벽까지 지내고 또 큰제
사 때는 4~5일씩이나 잠을 자지 못하였기 때문이라고 말한다. 아
마 현 종부의 고생을 배려하여 하신 말씀으로 들린다.

현 종부는 불천위를 지내는 양반집 종부로서의 삶을 되돌아보면서 종부로서의 자부심을 말하고 있다.

와서 많은 도움을 받았습니다. 다른 곳으로 제가 갔어도 결혼을 했을 거 아입니까? 그렇게 했으면 이런 대접을 받고 살았을까. 힘은 들었어도 어른들께서 종부라고 하면서 이렇게 많이 생각을 해 주셨어요. 저는 그게 좋아요. 항상 고맙고. 그래서 '나는 좀 더 잘해야 되겠다' 라는 생각으로 하거든요. 그러나 남들이 보면 어떻게 생각할지는 모르겠어요. 저는 항상 고맙지요. 아무 것도 아닌 일개 아녀자라면 아녀자지요. 종부라고 대접해 주신 거 그게 제일 고맙습니다. 게다가 특별히 모나게 행동하시는 분이 안 계시기 때문에 이런 집안이 내려가는 것이 아니겠어요. 오래됐잖습니까? 그런 거 같아요. 다 옆에서 집안의 풍습이라는 것을 보고 자랐으니까요. 가지가 다 벌어져서 내려온 그것이 이만큼 유지가 되니까는 나도 '밑으로 내려갈수록 잘해야 되겠다' 라는 생각을 가지고 살았던 것 같아요. 저는 그게 제일 좋아요.

현재 종부는 대구와 경북 일대의 종부들의 모임인 경부회에 참여하면서 다른 집안과 활발하게 교류하고 있다. 그러면서 고단한 종부의 삶을 이어 나갈 며느리에게 당부를 한다.

그 시대에 따라서 하는 거지요. 일단 여기에 왔으면 여기에 맞게 행동을 하고요. 인제는 따라 나가는 거지요. 여기에 와서 독단적으로 혼자 생각으로 할 수 있는 것은 아니거든요, 종부라는 것이요. 그러니까 거기에 맞춰서 하면은 잘할 수 있지 않겠는가 저는 그 생각이 들어요. 저도 그렇게 모르고 왔어도 어른들 하시는 거 보고 했듯이요. 그렇게만 따라왔으면 해요. 그런 마음이에요.

광주이씨 종가를 대표하는 음식으로는 무만두가 있다. 이 음식은 설날 떡국이 너무 뜨겁기 때문에 혹 입안을 상하게 하지 않을까 하는 걱정과 배려의 마음에서 유래하였다. 식사 때는 만두와 간이 된 잣물을 같이 먹는다. 만두는 일 년에 한 번 설날 때 만든다. 만드는 방법은 무를 완전히 물렁해질 때까지 삶은 뒤 하루 종일 맷돌을 올려놓아 물기를 완전히 뺀 다음 고기 볶은 것, 두부 등을 함께 소금 간으로 버무려 만두소를 만든다. 이를 녹말가루에 묻혀 만두를 만든다. 녹말가루는 피 대용으로 사용하는 의미를 지닌다. 만두에는 잣을 꽂아서 멋을 보태는데, 물론 잣으로 영양을 보충하도록 한 의미가 있을 것이다. 이를 가마솥에 끓여서 솥 안의 수분이 음식에 배어들도록 한다. 이렇게 만들어 식힌 만두에 잣물을 붓고 석이버섯, 달걀지단, 실고추, 파, 미나리 등 오방색 고명을 올려서 먹는다. 소박하면서도 기품을 잃지 않

무만두

은 반가 음식의 전형을 보여 주고 있다.

　사실 이 음식에는 웃어른을 잘 모시려는 집안의 효 정신이 배어 있다. 이 음식에는 나이 드신 어른들께서 설날 기름진 음식을 드시고 소화에 어려움을 느끼지 않으시도록 무로 만든 음식을 차림으로써 소화를 도와드리려는 종부의 효성스러운 마음이 담겨 있다.

3. 종가의 바람

　　광주이씨 귀암 가문이 석전에 뿌리를 내린 것은 귀암 이원정이 새로 자리를 잡고서부터이며, 그로부터 칠곡에 뿌리를 내리고 살고 있다.

　　종손은 광주이씨 귀암 집안은 삼대 문과를 배출한 집안이자, 귀암과 담명 대에 중앙정계에서 영남의 맹주로서 활동하였던 자부심을 은연중에 내비치고 있다. 종손은 칠곡을 위해서 선조가 행한 사례들을 소개하면서 지역 발전을 위해 애쓴 선대 조상의 일들을 소개하였다.

얼마 전에 칠곡군청 개청 백주년 행사를 벌이면서 군민들과

단체들이 각종 기념행사를 벌였습니다. 일이야 큰 경사로 축하할 일입니다. 그런데 이 칠곡군이 존속되어 온 과거의 일에 대해서는 아는 이가 없습니다. 과거 인조 대 낙촌공이 칠곡에 내려와 계실 때인데, 당시 조정에서는 성주목에 속해 있던 팔거현을 대구부에 이속토록 하였습니다. 이에 낙촌공께서 팔거현은 엄연히 자치할 수 있는 현으로서의 제반 조건을 갖추고 있어 다른 현에 비해 손색이 없는데 굳이 대구부에 이속시킬 필요가 없다고 하시면서 종전대로 성주목에 속해 독립 현으로 존속해 줄 것을 청원하였습니다. 이때 올린 상소가 바로 「팔거현청물속대구부소八莒縣請勿屬大丘府疏」라는 상소문으로, 문집에 수록되어 있습니다. 그래서 오늘날 칠곡군이 대구부에 속하는 것을 면하게 되어 현재의 독립 군으로 존재하게 된 것이지요.

종손은 이 외에 귀암공이 경상도에도 대동법을 시행토록 청하신 일이나 정재공이 경상도감사로 계실 때 양곡을 나누어 기근에 시달리던 칠곡 군민들을 구휼한 사례들을 언급하면서 오늘 칠곡군의 경사가 있게 된 과거사를 조명해 보면 광주이씨 선조들께서 지역사회를 위해 적지 않은 일들을 하셨다고 강조한다.

그런데 귀암종가의 종손과 종인들은 화합하는 모습을 보여주었다. 종가의 종인들이 종손을 대하는 태도에서는 존경의 모습이 몸에서 저절로 배어져 나오고 있었다. 종인들은 모두 하나같이 종손이 어려운 가운데서 종택을 지키려고 애쓰는 데에 감사를 표시하고 있다. 또한 종손은 종인들이 종가의 일에 자발적으로 참여해 주어서 고맙다는 말을 하고 있다.

> 문화재가 돼 가지고 보수만 잘해 주고 하면 좋은데, 기대를 못하고 이대로 지켜 나가는 거지요. 우리는 또 종중의 지손들이 내 아까 얘기 드렸지만 그 정신이 딴 자손들 하고는 달라요. 그게 참 너무 고맙고, 또 종중에 할 일이라는 것이 있으면 내가 신경 쓰기 전에 먼저 종중에서 일을 하고 이런 입장이 되어서 딴 집안의 종손에 비해 내가 너무 기분이 좋습니다. 다른 집안의 종손들 만났을 때 내만큼 대우받는 종손도 그리 많지 않다는 것을 절실히 느꼈습니다. 그걸 내가 느꼈습니다. 물질적인 지원도 사실은 종중에서 계속 이렇게 하고 있고요. 종중이 재정이 있다는 것은 다행한 일이라고 봅니다.

종손은 딴 것이 없이 지금처럼 종중이 협조하면서 종가가 잘 유지될 수 있기만을 바랄 뿐이었다. 종손과 종인들이 서로 칭송하고 고마워하는 것은 이 종가가 현재까지도 유지될 수 있는 바탕일 것이다. 낙촌은 종반간의 친목을 돈독히 할 목적으로 매년 초 춘절에는 바쁜 관료생활 중에서도 시간을 내어 돌밭으로 내려와 친인척과 함께 회포를 풀고 시문을 만드는 행사를 열었다. 낙촌이 별세한 뒤에는 자손들이 그 뜻을 받들어 오늘날까지도 그 모임을 이어 오고 있는데, 이것이 입춘회이다. 매년 4월에는 공의 자손들이 동산재에 모여 입춘회 행사를 하여 종반 간 결속을 다지고 있다.

현재 종택은 비지정문화재로 되어 있다. 1984년 경북의 고택들이 문화재를 신청하였는데 예산상의 문제로 두 집만이 지정되었다. 그 뒤로 다시 신청하였으면 지정될 수도 있었는데 그만두었다는 것이다. 종가의 자존심을 엿볼 수 있는 대목이다.

> 분명히 문화재가 돼 주어야 되는 집인데 이걸 관청에서 안 해주니. 이런 거는 사실 관에서 자손들이 해 달라고 하지 않아도 문화재적 가치가 있다고 하면 자기들이 알아서 해 주는 것이 행정이지. 지금까지 관에서 하는 일들이 모두 이런 것이야. 이런 것은 참 잘못된 것으로, 지금 바로 잡을 수 없는 것이지. 그걸 내가 기대하지도 안 해. 가서 매달리는 것도 구차스럽고. 그러니 문화재가 되고 안 되고가 무슨 관계가 있겠나, 그냥 해나가면 되지.

그러면서도 은연중에 종택의 수리와 유지에 적지 않은 경비가 들어 최소한도 수리를 위해서라도 이에 대한 국가의 지원이

애국지사 수헌(遂軒) 이수일(李壽逸) 선생

이수일 표석과 묘비

순국의사 일몽(一夢) 이수택(李壽澤) 선생

이수택 묘비와 표석

있었으면 하는 기대와 희망을 말하기도 한다. 현재 종택은 칠곡군의 비지정문화재로 지정되어 올해부터는 제초작업을 지원받는다고 한다.

광주이씨 귀암 이원정의 후손으로 일제강점기에는 독립운동가 이수일李壽逸, 의열단 단원 이수택李壽澤 등이 나왔다. 이수일李壽逸(1885~1966)의 자는 숭경嵩卿, 호는 수헌邃軒이며, 일명 수기壽麒라고 하였다. 묵헌 이만운의 현손이다. 청년 시절부터 독립운동에 투신하여 유림의 독립운동을 지원하기 위해 군자금 모금활동을 하다가 발각되어 1927년에 체포되서 옥고를 치렀다. 2005년 건국포상建國褒狀을 추서받았다. 이수택李壽澤(1891~1927)의 자는 덕윤德潤, 호는 일몽一夢으로, 귀암 이원정의 10대손이다. 경술년의 국치 이후 분개하여 만주로 건너가 영고탑寧古塔에 근거지를 마련하고 포탄을 밀양으로 반입하여 관서들을 폭파할 계획을 세웠다가 체포되어 고문을 당하고 그 여독으로 사망하였다. 순국선열공훈 애국장愛國章을 추서받았다.

최근에도 여러 후손들이 각 방면에서 크게 활동하고 있다. 다만 칠곡군 내의 광주이씨의 인구가 차츰 줄어들어 2000년 현재 1,000여 명이 살고 있을 뿐이다.

참고문헌

李聃命, 『靜齋集』.
李道長, 『洛村集』.
李壽珏, 『漆谷誌』.
李元禎, 『歸巖集』.
李潤雨, 『石潭集』.

『古文書集成 92-漆谷 石田 廣州李氏篇一』, 韓國學中央硏究院, 2009.
『광주이씨 옛 宗家를 찾아서』, 서울역사박물관, 2007.
『廣州李氏家 承政院史草』 1・2, 서울역사박물관, 2004・2006.
『廣州李氏大同譜』, 廣州李氏大同譜編纂委員會, 1988.
『寄贈遺物目錄 11-廣州李氏一』, 서울역사박물관, 2013.
『先賢의 痕跡을 찾아서』 1・2, 廣州李氏漆谷石田歸巖公宗中, 2012.
『조선의 명가 광주이씨: 不屈과 恤民의 政治』, 서울역사박물관, 2007.
『漆谷 廣州李氏先祖 古文書・文集解題』, 李壽鴻 發行, 2001.
『漆谷 廣州李氏先祖 文跡』 元,亨,利,貞(補遺篇)・靜齋日記(正書本), 李壽
        鴻 發行, 1998.

『조선왕조실록』, 국사편찬위원회, http://sillok.history.go.kr.

권오영 외, 『조선 후기 당쟁과 광주이씨』, 지식산업사, 2011.
    김학수, 「석담 이윤우의 관직활동과 학문적 위상」.
    조준호, 「낙촌 이도장의 생애와 정치활동」.
    김문택, 「숙종 대 이원정의 정치활동과 피화」.
    이근호, 「17세기 후반 이담명・이한명의 정치활동과 경세론」.
    박인호, 「묵헌 이만운의 학문세계」.
설석규 외, 『경상북도종가문화연구』, 경상북도・경북대영남문화연구원,
        2010.

김경수, 「조선후기 이담명의 주서일기에 대한 연구」, 『한국사학사학보』 12, 한국사학사학회, 2005.

김학수, 「칠곡 광주이씨 이원정가의 정치적 위상과 학문적 성격－이원 정·이담명을 중심으로」, 김윤조 외, 『18세기 영남 한문학의 전 개』, 계명대출판부, 2011.

문광균, 「17세기 경상도지역 공물수취체제와 영남대동법의 실시」, 『한국 사학보』 46, 고려사학회, 2012.

정호훈, 「17세기 이원정·이담명 부자의 정치 기반과 활동」, 『조선의 명가 광주이씨』, 서울역사박물관, 2007.